SPEED READ SUPERCARS

Die Originalausgabe erschien unter dem Titel SPEED READ | SUPERCAR bei Quarto Publishing Group USA Inc.
401 Second Avenue North, Suite 310, Minneapolis, MN 55401 USA. T (612) 344-8100 F (612) 344-8692
www.QuartoKnows.com

© 2018 Quarto Publishing Group USA Inc. Text © 2018 Basem Wasef

Acquiring Editor: Zack Miller
Project Manager: Jordan Wiklund
Series Creative Director: Laura Drew
Cover and interior illustrations by Rafael Santos de Oliveira

Ein Gesamtverzeichnis der lieferbaren Titel schicken wir Ihnen gerne zu.
Bitte senden Sie eine E-Mail mit Ihrer Adresse an vertrieb@koehler-books.de
Sie finden uns auch im Internet unter www.koehler-books.de

Bibliografische Information der Deutschen Nationalbibliothek
Die Deutsche Nationalbibliothek verzeichnet diese Publikation in der Deutschen Nationalbibliografie;
detaillierte bibliografische Daten sind im Internet über http://dnb.d-nb.de abrufbar.

ISBN 978-3-7822-1344-8
© 2019 by Koehler
im Maximilian Verlag GmbH & Co. KG

Alle Rechte vorbehalten.

Übersetzung: Anette Reichardt
Produktion: Anita Böning | Inge Mellenthin

Printed in China

SPEED READ SUPERCARS

GESCHICHTE, TECHNIK UND DESIGN
DER AUFREGENDSTEN AUTOS DER WELT

BASEM WASEF

	EINFÜHRUNG	6

SEKTION 1
WEGBEREITER
Mercedes-Benz 300 SL „Flügeltürer"	10
Ferrari 250 GTO	12
Ford GT 40	14
Lamborghini Miura	16
Ferrari 365 GTB/4 Daytona	18
Lamborghini Countach LP400	20
Porsche 930 Turbo Carrera	22
Ferruccio Lamborghini	24
Glossar	26

SEKTION 3
RENAISSANCE IN DEN ACHTZIGERN
Lamborghini Countach LP500S	50
Porsche 959	52
Ferrari F 40	54
Ferrari Testarossa	56
Vector W8	58
BMW M1	60
Lotus Esprit Turbo	62
Carroll Shelby	64
Glossar	66

SEKTION 2
BLICK FÜRS DESIGN
Gefährliche Kurven	30
Keilform	32
Hutzen, Schächte und Schlitze	34
Das Spiel mit dem Anpressdruck	36
Form versus Funktion	38
Angewandte Biomimikry	40
Super SUVs	42
Gordon Murray	44
Glossar	46

SEKTION 4
TECHNOLOGISCHE (R)EVOLUTION
Motor	70
Kohlefaser	72
Turbolader	74
Carbon-Keramik-Bremsen	76
Traktionskontrolle	78
Aktive Aerodynamik	80
Hybridantrieb	82
Hochleistungsreifen	84
Gian Paolo Dallara	86
Glossar	88

SEKTION 5

MEILENSTEINE DER MODERNE

Jaguar XJ220	92
McLaren F1	94
Porsche Carrera GT	96
Ford GT	98
Ferrari Enzo	100
Lamborghini Aventador	102
Bugatti Chiron	104
Pagani Huayra	106
Koenigsegg Agera RS	108
Ferrari LaFerrari	110
Porsche 918 Spyder	112
McLaren P1	114
Enzo Feerari	116
Glossar	118

SEKTION 6

HEILIGE STÄTTEN

Modena	122
Sant'Agata Bolognese	124
Stuttgart	126
Nardò	128
Ehra-Lessien	130
Nürburgring, Nordschleife	132
Ferdinand Piëch	134
Glossar	136

SEKTION 7

VISIONÄRE UND TÜFTLER

Gumpert	140
SSC	142
Henessy	144
Saleen	146
Noble	148
Cizeta	150
Christian von Koenigsegg	152
Glossar	154

INDEX 156

EINFÜHRUNG

Was macht einen Supercar eigentlich *super*? Der Begriff ist natürlich eine Übertreibung und wird großzügig verwendet, aber was rechtfertigt eine solche Bezeichnung wirklich? Ist es der Schwung der Fahrzeugsilhouette? Eine Höchstgeschwindigkeit von über 300 km/h? Nach oben öffnende Türen? Ein astronomischer Preis? Oder vielleicht doch eine hohe Zylinderanzahl? Eine Definition dieses Begriffs ist nicht einfach und war gut für unzählige Debatten.

Auf diesen Seiten versuche ich die Gesamtkonzepte, die bahnbrechende Technik und die einfallsreichen Entwürfe zu entschlüsseln, mit denen sich Supercars (auf Deutsch auch Supersportwagen genannt) von der breiten Masse der gewöhnlichen vierrädrigen Verkehrsmittel abheben. Ein Supercar ist aber mehr als nur physische Präsenz: Man muss auch die historischen Trends berücksichtigen, die dieses Genre definieren, die radikalen Persönlichkeiten hinter diesen von Leidenschaft angetriebenen Projekten und die revolutionären Technologien – von der das meiste aus dem Rennsport stammt – die solche außergewöhnlichen Leistungen überhaupt erst möglich machen.

Historisch tauchte der Begriff *Supercar* zum ersten Mal in einer Anzeigenwerbung aus dem Jahr 1920 für ein schlankes und hoch motorisiertes Cabriolet auf. Es sollte aber noch Jahrzehnte dauern, ehe er sich im kollektiven Bewusstsein festsetzte. Ein wegweisender Sportwagen wie der Mercedes Benz 300 SL von 1954 beflügelte die Fantasie von Liebhabern in aller Welt mit seinen unfassbar coolen Flügeltüren und seiner modernen, dem Rennsport entlehnten Technik. Der Jaguar E-Type von 1961 verzauberte mit seiner edlen Linienführung und lebhaften Sportlichkeit und veranlasste keinen Geringeren als Enzo Ferrari, ihn zum „schönsten Auto aller Zeiten" zu küren. Doch der anerkannteste Impulsgeber des Trends zum Supercar war der Lamborghini Miura, ein niedrig gebauter Zwölfzylinder aus dem Jahr 1966, der so viel Ehrfurcht und Erschütterung hervorrief, dass ihm ein besonderer Status im Sportwagen-Pantheon sicher war. Der Einfluss des Miura war so bahnbrechend, dass Ferrari sich gezwungen sah, mit dem mitreißenden Daytona zurückzuschlagen.

In gewisser Weise fängt der seismische Effekt des Lamborghini Miura die schwer fassbare Essenz dessen ein, was einen Supercar auszeichnet. Der Miura hatte eine schöne Karosserie und einen sinfonischen Zwölfzylindermotor, aber seine Türen öffneten sich konventionell und er konnte die Marke von 300 Stundenkilometern nicht durchbrechen. Trotz seiner unvollständigen Qualifikationsmatrix gilt der Lamborghini Miura dennoch als weltweit erster Supercar.

Im Grunde ist die Definition eines Supercars fast schon irrelevant, weil der Terminus bereits mit so viel emotionalem Gewicht aufgeladen ist, dass es gar keine verbindliche Definition für ihn geben kann. Der „Supercar" stand sogar Pate für den Begriff „Hypercar", eine begriffliche Ableitung für einen noch stärker herausragenden Typus von Hochleistungsfahrzeug. Das haben Supercars mit Pornografie gemeinsam: Obwohl Experten darüber streiten, was es wirklich bedeutet, weiß man es, wenn man es sieht.

WEGBEREITER

Mercedes-Benz 300SL „Flügeltürer"
Ferrari 250 GTO
Ford GT 40
Lamborghini Miura
Ferrari 356 GTB/4 Daytona
Lamborghini Countach LP 400
Porsche 930 Turbo Carrera
Ferruccio Lamborghini
Glossar

WEGBEREITER
MERCEDES-BENZ 300 SL „FLÜGELTÜRER"

BLINKLICHT

Der Mercedes-Benz 300 SL litt unter den ausgeprägte Türschwellen, die das Ein- und Aussteigen unangenehm erschwerten. Zudem war es im Innenraum oft stickig und warm. Das kam von der üppigen Verglasung und den festen Fenstern.

RÜCKSPIEGEL

Es wurden von 1954 bis 1957 insgesamt nur rund 1.400 Einheiten des SL 300 Coupé gefertigt: Diese Modelle erzielen mittlerweile Summen im siebenstelligen Bereich. Von den Alu-Modellen wurden lediglich neunundzwanzig Exemplare gebaut. Diese Variante wurde für den Einsatz im Rennsport entwickelt und hatte fast 100 Kilo weniger Gewicht als die Standardversion.

SCHLÜSSELFIGUR

Chef Ingenieur Rudolf Uhlenhaut, der dem Wagen dank seiner Herkunft als Renningenieur einen unverwechselbaren Stempel aufdrückte, erlebte legendäre Siege mit dem 300 SL, unter anderem auch den Rekord-Sieg von Stirling Moss 1955 bei der Mille Miglia.

Mehr als ein Jahrzehnt, bevor der wilde Lamborghini Miura die inoffizielle Auszeichnung des ersten Supercars bekam, enthüllte Mercedes-Benz den 300 SL. Der Mercedes 300 SL war ein so elegantes und überragend leistungsfähiges Auto, dass gerne behauptet wird, es habe den Rang eines Supercars ebenso verdient. Während die Straßenfahrzeuge von Mercedes gewöhnlich auf langweilige deutsche Prioritäten wie Sicherheit und Technik setzten, nutzte der 300 SL die Erfahrungen von Mercedes im Rennsport, um einen zusätzlichen Schuss Leistung auf die Straße zu bringen. Der Zweisitzer bestach mit einem in einem Serienmodell bislang nicht gekannten Maß von Extravaganz und veredelte die Marke mit reichlich funktionalem und sinnlichem Schwung. Identitätsstiftend sind beim Mercedes 300 SL die Flügeltüren, die als konstruktive Notwendigkeit und keinesfalls als Design-Marotte entwickelt wurden. Die leichte Karosserie des Autos mit seinem komplexen Gitterrahmen aus Aluminium bedingte ungewöhnlich hohe seitliche Schwellen, sodass man auf den Trick mit den Flügeltüren kam. Eine kleinere Türöffnung hätte den Zugang zum Fahrzeuginnenraum für normal große Erwachsene nahezu unmöglich gemacht, und da boten sich die nach oben öffnenden Flügeltüren als praktikable und attraktive Lösung an.

Der geschwungene Karosseriebau des Flügeltür-Mercedes ist eindeutig ästhetisch reizvoll, aber praktisch jeder Aspekt seiner Formgebung wurde aus der Zweckmäßigkeit geboren: So verbessern zum Beispiel die sanft geschwungenen „Augenbrauen" über den Rädern die aerodynamischen Eigenschaften, während der um 50 Grad seitlich geneigte Motor dem Fahrzeug einen tieferen Schwerpunkt und eine geschmeidige Motorhauben-Linie ermöglicht. Der Drei-Liter-Sechszylinder-Reihenmotor war der erste Motor mit einem fortschrittlichen Direkteinspritzsystem und hatte 212 PS – das war fast doppelt so viel wie der Rennwagen, von dem er ursprünglich abstammte. Der Mercedes 300 SL mag uns heute relativ zahm erscheinen, er war aber durch seine starke Motorisierung und seine Leichtbauweise das schnellste Serienfahrzeug seiner Zeit. Er kostete zu seiner Zeit über 29.000 DM bzw. 7.000 Dollar – Mitte der Fünfziger Jahre ein kleines Vermögen – und wurde nicht nur wegen seiner Flügeltüren und seiner Leistung berühmt, sondern auch aufgrund seiner vielen Innovationen. Die amerikanische Zeitschrift *Sports Car Illustrated* nannte den 300 SL „buchstäblich ein Auto der Zukunft, das man bereits heute kaufen kann."

WEGBEREITER
FERRARI 250 GTO

BLINKLICHT

Das charakteristische optische Merkmal des Ferrari 250 GTO ist seine lange Nase mit den markanten Lufteinlässen. Aufgrund von Produktionsabweichungen variierte die Konfiguration dieser Lufteinlässe von Auto zu Auto.

RÜCKSPIEGEL

Der Archetypus eines Ferrari ist rot. Das berühmteste Modell, der Ferrari 250 GTO, war aber tatsächlich grün. Stirling Moss' grüner GTO wurde für ihn gebaut, bevor ein Unfall 1962 sein Karriereende besiegelte. Der Wagen wurde 2012 für 35 Millionen Dollar verkauft.

SCHLÜSSELFIGUR

Enzo Ferrari war ein launenhafter Firmenführer, der seine Bündnisse von heute auf morgen änderte. Die Meuterei seiner Mitstreiter im Jahr 1962 (später bekannt geworden unter den Namen „die Säuberung", „die Palastrevolte" oder „der Ferrari-Kehraus") führte zum Abgang von 250 Mitarbeitern, darunter die GTO-Impresarios Giotto Bizzarini (der zu Lamborghini überlief) und Sergio Scaglietti.

Wenn Nimbus und Seltenheit die Maßstäbe für einen Supercar sind, kann der Ferrari 250 GTO mit Fug und Recht einen Sonderstatus für sich beanspruchen. Das Kürzel GTO steht für „Gran Tourismo Omologato" und dieser berühmteste GTO von allen sollte ursprünglich die Anforderungen der FIA (Federation Internationale de l'Automobile) erfüllen, einhundert Einheiten für die Straße zu bauen, um die Zulassung für Rennwettbewerbe zu erhalten. Enzo Ferrari baute lediglich 39 GTO; angeblich übersprang er Seriennummern und verschob die Autos an verschiedene Orte, um den FIA-Inspektoren zu entkommen.

Für den 250 GTO hatte man ein Dreamteam italienischer Meister hinter den Kulissen versammelt: Die technische Entwicklung wurde von dem brillanten Giotto Bizzarini verantwortet, und die kurvige Karosserie wurde von dem legendären Sergio Scaglietti und seinem Team entworfen, die die Aluminiumkarosserie von Hand mit Holzformen, den sogenannten Böcken, in Form hämmerten. Praktisch keines der ersten sechsunddreißig Autos, die zwischen 1962 und 1964 produziert wurden, war wegen der handwerklichen Fertigung und der ständigen Modifikationen im Projekt mit einem anderen identisch. Sie verfügten aber alle über eine Stahlrohrrahmenkonstruktion und einen großartigen V-12-Motor, der aus dem Stoff war, aus dem Legenden sind: Aus drei Litern Hubraum mobilisierte er bei satten 8400 U/min brüllende 300 Pferdestärken (die 250-Modellbezeichnung bezog sich auf die 250 ccm je Zylinder. Es wurden aber auch drei Vier-Liter-Maschinen gebaut, die als 330 GTO bezeichnet wurden). In Verbindung mit dem neuen Fünf-Gang-Synchrongetriebe war der GTO zu seiner Zeit bemerkenswert zuverlässig: Vielleicht hatte es damit zu tun, dass er in über fünfhundert Rennen erprobt wurde und Siege in allen Sparten erzielte, darunter Titel bei der Tour de France und Klassensiege bei der Targa Florio und in Le Mans.

Seine Seltenheit und Attraktivität haben bei den exorbitanten Wiederverkaufswerten des 250 GTO sicher eine Schlüsselrolle gespielt: Dieser Wagen ist geradezu zum heiligen Gral aller Ferrari-Sammler mutiert und hat 2013 seinen eigenen Rekord als teuerstes Auto der Geschichte mit einem Verkaufspreis von 52 Millionen Dollar gebrochen.

WEGBEREITER
FORD GT 40

BLINKLICHT

Obwohl Ford seinen Rennwagen offiziell mit GT betitelte, erhielt er den Spitznamen GT 40, weil seine Dachlinie lediglich 40,5 Zoll über dem Boden lag (dies entspräche einer Fahrzeughöhe von 1,02 m). Die Straßenversionen waren mit 45 respektive 46 Zoll (1,14 m und gut 1,16 m) etwas höher gebaut.

RÜCKSPIEGEL

Von den straßentauglichen GT der Sechziger Jahre wurden etwas mehr als einhundert Exemplare gebaut, doch Ford reanimierte den GT 2005. Auch 2017 hat der Autobauer den GT noch einmal mit einem Homologationsmodell wiederbelebt. Im Jahr 2016 hatte sein Rennsport-Pendant passend zum fünfzigsten Jahrestag des einstigen 1-2-3 Finish in Le Mans sein Klassement gewonnen.

SCHLÜSSELFIGUR

Nachdem Ford zunächst den britischen Hersteller Lola mit dem Bau der ersten GT 40 Modelle beauftragt hatte, wurde das Projekt im Jahr darauf an den legendären Tuner Carroll Shelby übergeben. Es sollte aber noch bis 1966 dauern, bis der Vater des Ford Cobra den lang ersehnten Titel in Le Mans gewinnen und man tatsächlich feiern konnte.

Die Rivalität zwischen Ford und Ferrari in den 1960er-Jahren geriet zu einer Fehde epischen Ausmaßes und führte letztlich zur Entwicklung des Ford GT 40. Die Kontroverse begann, als Enzo Ferrari sein Interesse an dem Verkauf seiner Firma an Ford artikulierte, sich dann aber doch sträubte, weil er erfahren hatte, dass seine Autos vom 500-Meilen-Rennen von Indiana abgezogen werden würden, um nicht gegen die Indy-Cars von Ford anzutreten.

Henry Ford war empört über diese Brüskierung und antwortete mit den Worten „In Ordnung, wenn er es so haben will, dann gehen wir raus und versohlen ihm den Arsch". Ford plante, auf der berühmtesten Motorsport-Bühne der Welt, den 24 Stunden von Le Mans im französischen Sarthe, Rache zu nehmen.

Da Ford keine Erfahrung im hoch spezialisierten Bereich der Langstreckensportwagen hatte, beauftragte man die britische Firma Lola mit der Herstellung eines Rennwagens namens GT (GT steht für Grand Touring). Zwar lieferte Ford 1964 in Le Mans ein starkes Debüt ab, doch beendete keines der drei gemeldeten Fahrzeuge das Rennen; auch im Jahr 1965 kam Ford nicht an Ferrari vorbei. Aber im Jahr darauf wurde endlich Geschichte geschrieben: Ford hatte die Teamleitung an Carroll Shelby übergeben, der dazu beitrug, ein atemberaubendes 1-2-3 Foto-Finish zu erzielen. Es war der erste amerikanische Sieg bei einem großen europäischen Rennen seit vier Jahrzehnten. Das Messer wurde weiter gegen Ferrari gewetzt, als Fords GT40 die Siege in Le Mans während der Jahre 1967, 1968 und 1969 einfuhren.

Der niedrige, geschwungene und straßentaugliche Ford GT 40 wurde gebaut, um die Anforderungen der Homologation zu erfüllen, und seine Rennsport-Gene machten ihn zu einer extrem wilden Alternative im Vergleich zu seinen straßentauglichen Zeitgenossen. Der GT 40 – von dem nur 107 Exemplare gebaut wurden – war im Grunde ein abgeregelter Rennwagen. Er wurde ursprünglich von einem Achtzylinder-Mittelmotor mit 4,7 Litern Hubraum angetrieben. Ford baute vom Mark I GT 40 einunddreißig Exemplare und insgesamt gut einhundert Straßenfahrzeuge, von denen die späteren mit ihren knapp sieben Litern den röhrenden Radaubrüdern ähnelten, die in Le Mans siegreich gewesen waren.

WEGBEREITER
LAMBORGHINI MIURA

BLINKLICHT
Die berühmten „Wimpern" zieren die 474 ersten Exemplare des Miura sowie die 140 Exemplare des Miura S. Bei der selteneren SV-Version, von der lediglich 120 gebaut wurden, fehlt dieses Stilmittel.

RÜCKSPIEGEL
Seinen spektakulärsten Auftritt hatte der Lamborghini Miura 1969 im Film „The Italian Job", in dem der Supercar durch die Alpen rast und zuletzt mit freundlicher Genehmigung der Mafia sein Ende findet, als er von einem Bulldozer über einen Felsgrat geschoben wird.

SCHLÜSSELFIGUR
Während der Firmengründer Ferruccio Lamborghini die Meriten für den Mut verdient, mit dem bahnbrechenden Miura in die Produktion zu gehen, wären die Innovationen des Autos nicht ohne die Ingenieurskunst von Gian Paolo Dallara und Paolo Stanzani möglich gewesen. Stanzani wurde später technischer Direktor bei Lamborghini.

Der Wörterbucheintrag für den Begriff Supercar könnte problemlos durch eine Illustration des eigenwilligen Lamborghini Miura flankiert werden, der allgemein als erstes Auto gilt, das diesen Titel mit Fug und Recht verdient. Als der Miura 1965 auf dem Turiner Autosalon vorgestellt wurde, konnte er einige bislang noch nie dagewesene Innovationen bei der Konstruktion vorweisen, darunter insbesondere eine Konfiguration mit quer eingebautem 12-Zylinder-Mittelmotor und Hinterradantrieb.

Nur drei Jahre nachdem der Industrielle Ferruccio Lamborghini zum Leidwesen von Enzo Ferrari in die Sportwagenproduktion eingestiegen war, kam der Miura als Nachfolger des elegant-zurückhaltenden 400 GT heraus. Der Wagen hatte eine ausgeprägte Kurvenform und expressive Akzente, die seine Scheinwerfer wie von Wimpern umrundet aussehen ließen. Das ausgeprägte Styling beim Miura war eine gleichermaßen schockierende wie Ehrfurcht gebietende Salve gegen Enzo Ferraris wachsendes, extravagantes Auto-Imperium. Das Gleiche galt für das Vier-Liter-Triebwerk des Miura, das in einem Auto 350 PS leistete, das noch nicht einmal 1.500 Kilo auf die Waage brachte. Der schlanke Zweisitzer konnte sich dank seines günstigen Leistungsgewichts auf über 275 km/h katapultieren. Obwohl sein Handling ziemlich heikel war (vor allem bei hoher Geschwindigkeit neigte die Nase des Fahrzeugs in dem Maße zum Abheben, wie sich der Treibstofftank leerte), trugen sein markantes Aussehen und seine charismatische Persönlichkeit stark dazu bei, den Miura für Rockstars, Bonvivants und Königshäuser attraktiv zu machen.

Die komplexe Technik des Miura wurde von Gian Paolo Dallara weiterentwickelt, einem ehemaligen Ferrari- und Maserati-Ingenieur, der später das Unternehmen Dallara Motorsports gründen sollte und bis heute als erfolgreicher Rennfahrzeugbauer tätig ist. Das berühmt-berüchtigte Design des Miura stammt allerdings vom damals erst siebenundzwanzig Jahre alten Designer Marcello Gandini, der zu dieser Zeit für das Designstudio Gruppo Bertone arbeitete. Der Miura war nicht nur das Auto mit dem größten Sex-Appeal, das es zu seiner Zeit überhaupt zu kaufen gab, es war auch das schnellste und verhalf damit dem Unternehmen Lamborghini zu der Reputation, die es am Markt etablierte. Obwohl Ferrari dem Lamborghini Miura den Zwölfzylinder-Daytona entgegensetzte, dauerte es noch Jahre, ehe der Miura ernsthafte Konkurrenz durch Ferraris 365 GT 4BB und 512 BB bekam, den ersten Serienmodellen von Ferrari mit Mittelmotor.

WEGBEREITER
FERRARI 365 GTB/4 DAYTONA

Das Supercar-Wettrennen wurde inoffiziell 1966 durch den Lamborghini Miura eingeleitet, und viele sahen im 365 GTB/4 die Antwort Ferraris auf Lamborghinis aufrüttelnden Zweisitzer. Ferrari hielt hartnäckig an einer Konfiguration mit Frontmotor fest. Der Ferrari 365 GTB/4, der seinen Spitznamen „Daytona" seinem eindrucksvollen 1-2-3-Finish 1967 auf der amerikanischen Rennstrecke verdankte, hatte eine andere Anmutung als sein kürzerer und runderer Vorgänger, der Ferrari 275 GTB/4. Mit einem größeren 4,4-Liter-Zwölfzylindermotor (wobei das „365" im Namen sich auf den Hubraum jedes Zylinders in Kubikzentimetern bezieht), war der Ferrari 365 GTB/E Daytona mit einer Spitzengeschwindigkeit von 280 Stundenkilometern noch etwas schneller als der Miura. Seine Leistungsdaten wiesen auch eine etwas bessere Beschleunigung auf.

Während Enzo Ferrari der Aerodynamik misstraute und glaubte, dass mehr Pferdestärken die Antwort auf den Luftwiderstand seien, machte der Daytona-Designer Sergio Pininfarina aufgrund seiner Versuche im Windkanal doch einige Zugeständnisse an die Aerodynamik: Darunter waren ein kleinerer Lufteinlass vorne, hinter Plexiglas versteckte Scheinwerfer und eine stromlinienförmig nach hinten gerichtete und bündig abschließende, doppelt gekrümmte Windschutzverglasung.

Der Daytona kostete damals schon etwa 68.000 DM oder 20.000 Dollar und war der bis dahin teuerste Ferrari überhaupt, und er schloss preislich absolut zum Lamborghini Miura auf. Während dem Frontmotor-Layout des Ferrari Daytona der Pfiff des radikalen Zwölfzylinder-Mittelmotor-Setups des Miura fehlte, war der Zweisitzer mit der langen Nase immer noch der schnellste Ferrari der Welt. Seine Leistung war unvergleichlich und es verwundert nicht, dass die treuen Tifosi über 1.383 Hardtop-Modelle erwarben und das Modell 275 GT mit lediglich 200 Verkaufsexemplaren weit hinter sich ließen. Der Erfolg des Daytona Coupés führte 1969 zum „open air" Spyder, über den sich manche Puristen sehr verärgert zeigten, weil sein Luftwiderstand einen Großteil der Arbeit zunichte machte, die das Coupé so schlüpfrig werden ließ. Es wurden lediglich 122 Spyder gefertigt, von denen 96 Exemplare nach Amerika gingen. Interessanterweise war es so, dass die relative Seltenheit des Spyders später viele Coupé-Besitzer dazu brachte, ihr Modell zu einem Cabrio umbauen zu lassen.

Viele eingefleischte Ferrari Fans halten den Daytona, unabhängig von seiner Konfiguration, für den letzten „großen" Ferrari, obwohl die Streitfrage 1973 mit dem Erscheinen des Berlinetta Boxers, dem ersten Ferrari-Seriensportwagen mit Mittelmotor, wieder aufflammte.

BLINKLICHT

Der Daytona hatte viele Gastauftritte in der Pop- und Filmkultur, aber einen Gutteil seiner Berühmtheit verdankt er dem amerikanischen Cannonball Run im Jahr 1971. Der Ferrari wurde vom Rennfahrer Dan Gurney und seinem Beifahrer Brock Yates (zugleich auch Mitbegründer des Rennens) gefahren und erreichte in diesem Geländewettbewerb quer durch das ganze Land über 35 Stunden und 54 Minuten Spitzengeschwindigkeiten bis zu 277 Stundenkilometern.

RÜCKSPIEGEL

Die Plexiglasabdeckungen der Scheinwerfer des Ferrari Daytona waren zwar eine elegante Verpackung, erfüllten aber nicht die amerikanischen Anforderungen. In der Konsequenz wurden Klapp-Scheinwerfer speziell für den nordamerikanischen Markt entwickelt.

SCHLÜSSELFIGUR

Ein Großteil seines ästhetischen und praktischen Erfolgs lässt sich beim Daytona auf die mühsame Arbeit von Sergio Pininfarina im Windkanal des Polytechnischen Instituts in Turin zurückführen.

SUPERCAR 19

WEGBEREITER
LAMBORGHINI COUNTACH LP 400

Während der Lamborghini Miura die Welt mit seinen femininen Linien, den „Wimpern"-Scheinwerfern und den üppigen Kurven begeisterte, folgte der Countach LP 400 einem abstrakten und modernistischen visuellen Design. Er war kantig und trapezförmig und mutete mit seinen vielen Lufteinlässen, seinen keilförmigen Komponenten und seinen Schächten durchaus unruhig an. Der LP 400, der den 375 PS starken 4-Liter-Zwölfzylinder-Antriebsstrang des Miura unter seiner dramatisch keilförmigen Silhouette verbarg, war ein ganz eigenartiges Ungetüm des Designers Marcello Gandini: Der LP 400 verkörperte etwas Fremdartiges und Extremes, und er wies den offenkundigen Sex-Appeal seines Vorgängers Miura entschieden zurück.

Der Look war dermaßen exzentrisch, dass er Nuccio Bertone beim erstmaligen Betrachten des Prototyps dazu gebracht hatte, laut „Countach!" zu rufen. Der Ausdruck – im lokalen piemontesischen Dialekt gesprochen – bezeichnet ein Gefühl des Erstaunens, das normalerweise dem anderen Geschlecht gilt.

Das Kürzel LP stand für Longitudinal Posterior und signalisierte, dass das massive Triebwerk in Längsrichtung und nicht quer wie beim Miura eingebaut war. Ferruccio Lamborghini wollte den Kabinenlärm reduzieren, und diese Anordnung half ihm dabei; schließlich sollten seine futuristischen Automobile auch in der wirklichen Welt nutzbar sein. Aber keine Angst: Dem LP 400 fehlte es nicht an „außerirdischen" Charakterzügen, die ihn von der breiten Masse unterschieden. Der frühe Countach hatte zum ersten Mal in Lamborghinis Firmengeschichte Scherentüren und er war zugleich Lamborghinis unverhüllter Ausdruck von Widerstand gegen „konventionelle" Supersportwagen.

Der LP 400 war aber mehr als nur Trickkunst der Ingenieure: Er hatte einen starken, steifen Gitterrahmen und eine Aluminiumkarosserie sowie ein Getriebe, das sich zwischen den beiden Passagiersitzen befand. Es wurden werksseitig nur 157 LP 400 gebaut, und deshalb ist der erste Countach eines der begehrtesten Lamborghini-Modelle überhaupt. Sein Nachfolger war der bulligere LP 400S mit seinen ausgeprägten Fiberglasbögen oberhalb der fetten P 7 Pirelli Reifen. Die späten Countach-Modelle mit den großen Kotflügeln sind am verbreitetsten, der saubere Minimalismus der ersten Generation beflügelt aber immer noch die Fantasie der Puristen.

BLINKLICHT
Obwohl die späteren, stark verspoilerten Countach vor allem auf den Postern in den Kinderzimmern dominierten, war es doch tatsächlich so, dass die schmalen Reifen des LP 400 und seine minimalistische Karosserie ihn schneller werden ließen als andere: Er erzielte Höchstgeschwindigkeiten von fast 320 Stundenkilometern.

RÜCKSPIEGEL
Der LP 400 hatte den Spitznamen „Periskop" dank eines kleinen Spiegels, der im Dach des LP500 Prototypen der besseren Sicht nach hinten halber installiert worden war. Der LP 400 S erlangte Berühmtheit in Hollywood, nachdem er einen Auftritt im Film „Smokey and the Bandit" (deutsch: „Ein ausgekochtes Schlitzohr") hatte.

SCHLÜSSELFIGUR
Das extrem große Talent Marcello Gandinis wurde sichtbar, als er neben dem kurvigen Miura auch noch den dramatischen LP 400 entwarf. Zufällig war Gandini im selben Jahr wie zwei andere italienische Designikonen geboren worden – nämlich Giorgetto Giugiaro und Leonardo Fiovaranti.

WEGBEREITER
PORSCHE 930 TURBO CARRERA

BLINKLICHT

Der flache Sechszylinder-Motor des 930 Turbo Carrera hatte zwar nur 3 Liter Hubraum, aber sein Turbolader schaffte es bis auf 90.000 Umdrehungen je Minute. Dank seiner Leichtbauweise brauchte der 930 Turbo Carrera nur 245 PS, um das weltweit schnellste Serienfahrzeug zu sein.

RÜCKSPIEGEL

Der Turbolader trennte in den Siebziger Jahren sprichwörtlich die Männer von den (grünen) Jungs. Er stattete Sportwagen wie den Porsche 930 mit dem virtuellen Schild „Seien Sie vorsichtig im Umgang mit mir" aus. Heute ist der Turbolader aufgrund seiner Treibstoff sparenden Eigenschaften weithin verbreitet. Die meisten Porsche-Modelle sind mit einem Turbolader ausgestattet.

SCHLÜSSELFIGUR

Der Journalist Paul Frere bekam Zugang zum Porsche Turbo Carrera des Unternehmensvorstands Dr. Ernst Fuhrmann. Später schwärmte er „Dieser Turbo Carrera bietet gewiss die beste Mischung aus ultimativer Leistung und Verfeinerung, die ich je erlebt habe."

Die Ölkrise und die Emissionsdebatte machten die Siebziger Jahre zu einem allgemein verheerenden Jahrzehnt für Supercars, obwohl die in Amerika „Malaise-Ära" genannte Zeit auch ihre Lichtblicke hatte. Bezeugen kann dies zum Beispiel der Porsche 930 Turbo Carrera, der als eigenwilliges Kraftpaket dem allgemeinen Downsizing-Trend trotzte, und dessen Handling mitunter eine Herausforderung war.

Der Porsche 930 Carrera Turbo stand auf der Plattform des 911 und basierte auf dem RSR; bei seiner Markteinführung 1976 war er in den Vereinigten Staaten mit einem damals schockierenden Preisschild über 26.000 Dollar versehen (in Deutschland kostete er 65.800 DM). Der Name Porsche hatte natürlich keinen Mangel an Glaubwürdigkeit im Rennsport (vor allem nachdem der furchterregende 917 K 1970 den Sieg in Le Mans errungen hatte), doch konnte Porsches typischer zurückhaltender Ansatz es nicht mit den wilden Zwölfzylindermotoren und dem unerhörten Styling der italienischen Rivalen aufnehmen. Stattdessen konzentrierte sich Porsche auf kühne Technik und effiziente Konstruktionsprinzipien und wurde so auf den Rennstrecken zu einer Größe, mit der stets zu rechnen war.

Der Porsche 930 Turbo Carrera war mit seinen breiten Hüften und seinem Heckspoiler, der an die Fluke eines Wals erinnerte, anders als die anderen straßentauglichen Porsche: Das Unternehmen verabschiedete sich bei diesem Modell von seiner bisherigen Besonnenheit und schöpfte aus dem Vollen. In einer Zeit, in der andere Automobilhersteller ihre Modelle mit kleineren, konventionellen Triebwerken ausstatteten, machte Porsche den 930 mit einem Turbolader richtig groß. Dabei war es schwer, das Turboloch – das ist die Pause zwischen dem Betätigen der Drosselklappe und dem Turboschub – zu beherrschen, und die frühen Modelle litten unter unberechenbaren Reaktionen, wenn der Fahrer in Kurven vom Gas ging. Das bescherte dem Porsche 930 Turbo Carrera den Ruf eines Witwenmachers und führte so manchen (zu) temperamentvollen Fahrer geradewegs in die Leitplanken oder in andere Hindernisse.

Während die Unwissenden den Carrera Turbo als seinen konventionellen Stallgefährten zu ähnlich betrachteten, sahen ihn seine Fans als den wilden Porsche an, der auf der Piste in der Lage war, so manchen seiner italienischen Konkurrenten zu schlagen und dessen raue Sitten Respekt einflößend waren.

FERRUCCIO LAMBORGHINI

Der berühmteste Stier der Supercar Branche war ohne Zweifel Ferruccio Lamborghini. Er war ein leidenschaftlicher Liebhaber von allem, das Räder hatte, und baute sich sein Imperium um das Leitmotiv des Stieres auf.

Lamborghinis Wurzeln in der Landwirtschaft ließen ihn in seiner Kindheit großes Interesse an allem bovinen Getier entwickeln, doch veränderten sich seine Interessen später, und er begeisterte sich für das Innenleben landwirtschaftlicher Geräte. Lamborghinis mechanisches Geschick ließ ihn den Nachkriegsboom in Italien für sich nutzbar machen: Er eröffnete eine Werkstatt, in der er an Autos, Lastwagen und Traktoren arbeitete. Er baute dort einen Fiat 500 so um, dass er mit ihm an der Mille Miglia 1948 teilnahm, doch leider fuhr er mit dem Auto gegen eine Mauer. Dieser Unfall schreckte ihn so ab, dass er sich lebenslang vom Renngeschehen fernhielt.

Das Vermögen Lamborghinis wuchs, als er ein Traktoren-Unternehmen gründete. Dessen wirtschaftlicher Erfolg ermöglichte es ihm, sich seine Garage mit allem auszustatten, was es gab – vom Mercedes-Benz 300 SL mit Flügeltüren bis hin zum Jaguar E-Type. Der Erwerb eines Ferrari 250 GT, eines 250 SWB Berlinetta und eines 250 GT 2+2 zeigte seine Faszination für die im nahe gelegen Modena ansässige Marke mit dem tanzenden Pferd. Die häufigen Probleme mit der Kupplung seiner Ferrari und die Weigerung Enzo Ferraris, Problemlösungen dafür zu finden, führten dazu, dass Lamborghini die Sache selbst in die Hand nahm. Zuerst modifizierte er seine Ferrari, und dann stieg er 1963 mit seiner Firma Automobili Lamborghini in Sant'Agata ins Automobilgeschäft ein.

„Es ist ganz einfach" sagte Lamborghini. „In der Vergangenheit habe ich einige der berühmtesten Gran Tourismo Modell gekauft, und in jedem dieser herausragenden Autos habe ich einige Fehler gefunden. Sie waren zu heiß. Sie waren zu schnell. Sie waren zu unbequem. Oder nicht schnell genug. Oder nicht perfekt verarbeitet. Jetzt möchte ich einen GT ohne Fehler bauen. Kein technisches Feuerwerk. Ganz normal. Ganz konventionell. Aber eben perfekt."

Lamborghinis Bemühungen zeitigten zunächst den eleganten 350 GT, wurden aber mit jedem neuen Modell (das übrigens auch immer nach einem Stier benannt wurde) wilder und extravaganter: Darunter solche unvergesslichen Extrovertierte wie der Miura, der Countach und der LM002.

Lamborghini führte sein Traktor-Unternehmen neben seiner Automobilfirma, sodass er den Launen und Schicksalen gleich zweier turbulenter Industrien ausgesetzt war. Im Gefolge der Ölkrise 1974 hatte er mit finanziellen Problemen zu kämpfen und verkaufte seine restlichen Anteile an Automobili Lamborghini. Er verlagerte von nun an seine Aufmerksamkeit auf andere Geschäftsaktivitäten, ehe er sich zuletzt auf einen 300 Hektar großen Landwirtschaftsbetrieb in Umbrien zurückzog, um sich dort der Jagd und der Weinherstellung zu widmen. Obwohl sein Unternehmen mehr als nur eine Berg- und Talfahrt miterlebt hat, einschließlich eines kurzen Intermezzos unter der amerikanischen Chrysler Gruppe, wäre Lamborghini zweifellos froh über den jüngeren Erfolg seiner Marke gewesen, die sich mittlerweile im Besitz von Audi befindet.

GLOSSAR

DIREKTEINSPRITZUNG: Eine ausgefeilte Form der Kraftstoffeinspritzung, bei der ein Benzinstrom unter Hochdruck in die Brennkammer gesprüht wird. Die Direkteinspritzung ermöglicht eine genaue Steuerung des Verbrennungsprozesses.

FIA: Abkürzung für Federation Internationale de l'Automobile, Dachverband für alle internationalen Automobil-Motorsportarten.

HOMOLOGATION: Eine Reihe von Richtlinien in der Rennsportszene, die Voraussetzungen für die Teilnahme von Fahrzeugen an Rennsportveranstaltungen festsetzen. Dazu zählt auch die Auflage, ein Minimum an gleichwertigen Straßenfahrzeugen für die Allgemeinheit in den Verkauf zu bringen. Die Homologation dient oftmals dazu, Rennsporttechnologien auf Straßenfahrzeuge zu übertragen, zugleich bleiben die Fahrzeuge dabei für die Fans erschwinglich und verfügbar.

MILLE MIGLIA: Italienisch für „1.000 Meilen"; ein Langstreckenrennen durch Italien, das vorwiegend auf öffentlichen Verkehrswegen ausgefahren wurde. Die Mille Miglia fand von 1927 bis 1957 statt. Das Rennen zeichnete sich durch sehr hohe Geschwindigkeiten und begeisterte Rennfahrer aus: Der berühmteste unter ihnen war wohl Stirling Moss, der mit seinem Beifahrer und Navigator Denis „Jenks" Jenkinson die 992 Meilen (knapp 1.600 Kilometer) lange Strecke mit einer Durchschnittsgeschwindigkeit von 160 km/h fuhr. Die Mille Miglia ist heute ein Event für Autos, die vor 1957 gefertigt wurden.

ROHRCHASSIS: Eine Art von Chassis, das aus einem komplexen Netzwerk von Rohren, üblicherweise aus Stahl oder Aluminium, gefertigt wird. Frühe Supercars verfügen über diese Bauweise trotz des arbeitsintensiven Fertigungsprozesses, weil sie eine sehr leichte und stabile Konstruktion ermöglicht.

SAUGMOTOR: Ein Motor, der über keine künstlichen Hilfsmittel wie Turbolader oder Kompressor verfügt, um Luft für den Verbrennungsvorgang in den Motor zu bringen.

SYNCHRONISATION: Ein Mechanismus innerhalb von manuellen Schaltgetrieben, der verhindert, dass die Zahnräder schleifen, indem er die Zahnradgeschwindigkeit anpasst, bevor die Zahnräder einrasten oder ineinandergreifen.

TIFOSI: Eine Bezeichnung für die leidenschaftlichen italienischen Fans eines bestimmten Herstellers, üblicherweise gebraucht für Ferrari-Fans.

TURBOLADER: Dient der Leistungssteigerung eines Motors. Eine Turbine nutzt einen Teil der Energie der Abgase, um den Druck im Ansaugsystem zu erhöhen, wodurch mehr Luft in die Verbrennungskammern gepumpt wird.

ÜBERSTEUERN: Fahrdynamischer Zustand, bei dem die Hinterräder das Heck zur Außenseite der Kurve schieben, wodurch sich das Fahrzeug mehr als beabsichtigt dreht; in der Regel ausgelöst durch zu viel Schub und durchdrehende Hinterräder.

WINDKANAL: Eine Vorrichtung zur Messung der aerodynamischen Effizienz. Dieser methodische Ansatz wurde sehr wichtig in der Welt der Supercars, weil er dazu beitrug, Schlüsselattribute wie Luftwiderstand und Stabilität bei hohen Geschwindigkeiten zu verbessern.

BLICK FÜRS DESIGN

Gefährliche Kurven
Keilform
Hutzen, Schächte und Schlitze
Das Spiel mit dem Anpressdruck
Form versus Funktion
Angewandte Biomimikry
Super SUVs
Gordon Murray
Glossar

BLICK FÜRS DESIGN
GEFÄHRLICHE KURVEN

BLINKLICHT
Enzo Ferrari stellte einmal fest „Aerodynamik ist etwas für Leute, die keine Motoren bauen können" und suggerierte mit diesem Ausspruch, dass eine starke Motorisierung wichtiger sei als ein geringer Luftwiderstand. In Wahrheit ist die aerodynamische Form die Voraussetzung für das Erreichen hoher Geschwindigkeiten.

RÜCKSPIEGEL
Manchmal braucht es nur ein Standard-Engineering mit Fertigkomponenten, um eine Herausforderung im Design zu überwinden. Der Mercedes AMG SLS von 2010 wurde zum Beispiel mit nach oben öffnenden Flügeltüren ausgestattet. Um sicher zu stellen, dass die Insassen im Falle eines Unfalls aussteigen konnten, wenn das Auto auf dem Dach landete, installierten die Mercedes-Ingenieure winzige Sprengstoffeinheiten in den Scharnieren, die es ermöglichten, im Notfall die Tür vom Rumpf zu trennen.

SCHLÜSSELFIGUR
Der britische Aerodynamiker Malcolm Sayer, der für die Karosserien der Jaguar C- und E-Type verantwortlich war, erforschte die unscharfe Schnittmenge zwischen Form und Funktion. Um eine ideale Autoform zu entwickeln, die gleichermaßen effizient und schön war, verwendete Sayer mathematische Modelle und elliptische Formen.

Die frühen Jahre der Supercars waren eine freigeistige Zeit, in der die Form die Funktion beherrschte. Die Stylisten waren dazu ermächtigt, sich möglichst ausdrucksstarke Fahrzeugformen einfallen zu lassen und zeichneten staunenswerte rollende Skulpturen, die überdies auch über die Straßen flogen. Praktische Aspekte wie Komfort, Handling oder Fahrstabilität bei hohen Geschwindigkeiten rückten daher in den Hintergrund.

Diese prägenden ersten Jahre waren stark beeinflusst durch den Lamborghini Miura der 1960er-Jahre, jenes Auto, das nach Ansicht vieler den Supercar-Hype überhaupt erst ausgelöst hat. Es gab nichts, das man am Miura hätte beanstanden können: Jeder Zentimeter seiner ausgesprochen femininen Form, seine Haltung und seine stimmigen Proportionen ließen den Miura eine physische Präsenz ausstrahlen, die durch hohe Designkunst geprägt war. Leider neigten seine aerodynamischen Eigenschaften aber dazu, den Miura bei hohen Geschwindigkeiten vorne abheben zu lassen, was ihn selbst für geübte Fahrer zu einer Herausforderung werden ließ. Der Miura konnte knapp 275 km/h erreichen, doch nur ein Verrückter wäre auf die Idee gekommen, solche Geschwindigkeiten auszureizen.

Dennoch war nicht alles schiere Form und alltagsuntauglich: Die liebenswerten „Wimpern" des Miura an den Scheinwerfern entpuppten sich beispielsweise als Lufteinlässe, die die kühlenden Fahrtwind zu den vorderen Bremsen leiteten. Im Grundsatz aber versprachen die delikate Linienführung und die Kurven dieses Exoten eine Menge Aufregung – sei es durch launisches Handling oder durch spontane Selbstentzündung! All dies erhöhte den inhärenten Reiz dieses Wagens genauso wie seine eingebaute Gefährlichkeit.

Die nachfolgenden Autos wie der Ferrari 250 GTO und der Shelby Cobra 427 verkörperten das Bronzezeitalter der Supercars. Wissenschaft und Technik – ganz zu schweigen von staatlicher Gesetzgebung und Fahrsicherheitsfragen – schlichen sich als neue Variablen in die Gleichung ein und führten zu einer dynamischen Spannung zwischen adrenalingesättigter Absurdität und Basisfunktionalität. Windkanäle (und später Strömungs- sowie Computersimulationen) erlaubten Fortschritte in der Aerodynamik und gaben dem Fahrer mehr Kontrolle, sodass die Autos schneller und stabiler fahren konnten. Dank der Einführung von Sicherheitsmerkmalen wie Knautschzonen, geschützten Tanks und Airbags hatte das offenbar unvermeidliche Schrotten der Exoten im Fahrbetrieb bald größere Schäden am Ego des Unfallfahrers als an seinem Körper zur Folge.

BLICK FÜRS DESIGN
DIE KEILFORM

Unter allen Karosserieformen, die sich unter dem Begriff „Supercar" auflisten lassen lassen, ist keine so knackig wie die Keilform. Der Mythos vom schnellsten, wildesten und eindrucksvollsten Auto ist untrennbar verknüpft mit dem keilförmigen Design. Im Frontbereich des Fahrzeugs spitz zulaufend und sich zum Heck hin erweiternd, ist der Keil eine klare und kantige Designform, die wie eine Messerklinge die Luft durchschneidet.

Die Keilform entwickelte sich aus den kurvigen Supersportwagen der Sechziger Jahre, deren Formen den experimentellen, die Grenzen durchbrechenden Zeitgeist dieser Jahre zu reflektieren schienen. Die anschließende Geradlinigkeit war schockierend neuartig – die bislang erprobten organischen Formen in der Automobilwelt wurden auf einmal langweilig, und mit dem Aufkommen des „folded paper" Designs mit seinen klaren Kanten und Winkeln ersetzte man das weiche Kurvendesign von ehedem durch markanten Modernismus.

Die ersten keilförmigen Modelle entstanden in den späten Sechziger Jahren bei den italienischen Konzeptstudien der konkurrierenden Designhäuser Bertone und Pininfarina. Bertone stellte 1967 den Lamborghini Marzal vor, eine von Marcello Gandini entwickelte Konzeptstudie, aus der später einmal der Espada hervorgehen sollte. Der Alfa Romeo Caraba gab sein Debüt auf der Pariser Automesse 1968 und war in etwa so kantig wie ein Türkeil des Weltraumzeitalters. Der Carabo war ebenfalls ein Entwurf von Gandini für das Haus Bertone. Er war knapp einen Meter hoch und mit Scherentüren versehen (die man später beim Lamborghini Countach wiedersehen sollte). Auf dem Turiner Autosalon 1969 präsentierte Pininfarina erstmals den Ferrari 512 Berlinetta, der von Filippo Sapino gezeichnet worden war. Sapino entwarf später den genialen Ferrari 365 GTC/4. Im Jahr darauf beschritt Paolo Martins wilder, flacher und linearer Ferrari 512 S Modulo neue Wege für das Haus Pininfarina – mit einer futuristischen Silhouette, die anscheinend mit einem durchgängigen Federstrich gezeichnet worden war. Bertone antwortete mit dem Lancia Stratos HF Zero, einer noch ausgefalleneren Variante der Keilform. Der Stratos HF Zero hatte im Wesentlichen eine niedrige, breite Schnauze, die ansteigend in die Frontverglasung und das Dach überging, um dann in der gerifften Motorhaube über dem Mittelmotor (die sich seitwärts von links nach rechts öffnete) und einem breiten, flachen Heck zu enden. Man bestieg das Fahrzeug nicht durch eine Einstiegstüre, sondern durch die vordere Verglasung. Der Stratos HF Zero hätte auch problemlos als ein Ausstattungsstück eines „Star Trek"-Films durchgehen können.

Der für den Rallye-Sport homologierte Lancia Stratos von 1973 ließ sich direkt auf des Modell Zero zurückführen, wohingegen der Lamborghini Countach LP 400 von 1974 das Thema der Konzeptstudie des LP 500 von 1971 weiterführte. Der Lotus Esprit, der De Tomaso Pantera und der Aston Martin Lagonda sind andere, sehr bekannte Keilmodelle.

BLINKLICHT

Keildesigns prägten die Supercars der Siebziger Jahre, aber ihre Beliebtheit ließ allmählich nach, als andere Designs an Popularität gewannen. Einer der wenigen Automobilhersteller, der auch heute noch an der Keilform festhält, ist Lamborghini. Die Modelle Aventador und Huracan folgen noch immer dem futuristischen „Tür-Keil" im Weltraum!

RÜCKSPIEGEL

Während stilsichere Italiener ganz auf den Keil setzten, schlugen die Deutschen ihren eigenen Weg ein. Der Mercedes-Benz C-111 hatte eine Glasfaserkarosserie, Flügeltüren und einen Wankel-Motor, als er 1969 auf der Frankfurter IAA der Öffentlichkeit vorgestellt wurde. Der C-111 erzielte zahlreiche Geschwindigkeits- und Langstreckenrekorde, die über Jahrzehnte Bestand hatten.

SCHLÜSSELFIGUR

Der unbestrittene Pate des Keils ist Marcello Gandini, der den Lamborghini Marzal, den Alfa Romeo Carabo, den Lamborghini Countach sowie den Lancia Stratos entwarf.

BLICK FÜRS DESIGN
HUTZEN, SCHÄCHTE UND SCHLITZE

Damit sie ihre scheinbar übernatürliche Leistung abrufen können, sind Supercars mit einer ganzen Armada technischer Einrichtungen ausgestattet, die es ihnen ermöglichen, „normale" Autos beim Beschleunigen und in Kurven weit hinter sich zu lassen. Hutzen, Schächte und Schlitze sehen einfach cool aus – und zwar so cool, dass sie auch von kleineren Autos imitiert werden, die sie gar nicht brauchen – doch spielen diese Vorrichtungen eine entscheidende Rolle, wenn es darum geht, das Leistungspotenzial von Supercars auszuschöpfen.

Aerodynamische Elemente wie etwa sich verjüngende Fahrzeugformen gab es bereits seit den Zwanziger Jahren, aber spezifische Erkenntnisse aus dem Windkanal fanden erst sehr viel später ihren Weg in die Serienfahrzeugproduktion. Erst in den Fünfziger Jahren fand die für den Rennsport entwickelte aerodynamische Optimierung ihren Weg in Straßenfahrzeuge, und erst in den Sechziger Jahren fingen auch die letzten sturen Autohersteller damit an, ihr Blech nach aerodynamischen Prinzipien umzuformen und zu bearbeiten.

Wenn es um Hutzen, Schächte und Schlitze geht, sprechen wir über Luftstrom-Management – es gilt, Anforderungen zu erfüllen, die durchaus widersprüchlich sind: Erstens soll der Luftstrom den Motor, das Getriebe und die Bremsen erreichen, zweitens soll die Luft dann und dort austreten, wo es nötig ist, und drittens soll das Fahrzeug dem Luftstrom wenig Widerstand bieten. Da die leistungsstarken Motoren anfällig für Hitzeentwicklung sind, wird die Kühlung zu einem sehr wichtigen Aspekt. Die interne Kühlung erfolgt dabei unter anderem durch ein flüssiges Kühlmittel, während die externe Kühlung durch den Luftstrom von außen erleichtert werden kann. Da das Ansaugen von Luft in das Fahrzeug den Strom des Fahrtwindes unterbrechen und den Luftwiderstand erhöhen kann, nutzen manche Autohersteller strömungsgünstige Lufteinlässe (sogenannte NACA-Öffnungen) anstelle von einfachen Einlässen, da diese die Aerodynamik weniger stören. NACA-Öffnungen fangen im Vergleich zu Standardeinlässen allerdings verminderte Luftmengen ein.

Neben dem Einlassen von Luft in die Karosserie zur Kühlung von Motor, Ölkühler, sowie Bremsen und Getriebe, entwickeln die Autobauer auch Vorrichtungen zum Absaugen von Luft, insbesondere zur Ableitung von Hitze und Luftwirbeln, die von den sich drehenden Rädern verursacht werden. Supercars des 21. Jahrhunderts gehen darüber noch hinaus, indem Schächte und Lüftungsschlitze zur Reduktion des Luftwiderstands automatisch geschlossen werden, wenn keine Kühlung benötigt wird.

BLINKLICHT
NACA-Öffnungen sind nach dem nationalen amerikanischen Beratungsausschuss für Luftfahrt benannt und wurden vor allem dazu entwickelt, kühle Luft in Flugzeugmotoren einzulassen. Der Ferrari F40 sie nutzte als erstes Kraftfahrzeug.

RÜCKSPIEGEL
Der erste Windkanal wurde 1871 von Francis Herbert Wenham für die Luftfahrt entwickelt und gebaut. . Erst Jahrzehnte später wurden Windkanäle auch in der Automobilindustrie eingesetzt.

SCHLÜSSELFIGUR
Eine ganze Armee von Aerodynamikern und Ingenieuren war im Laufe der Jahre mit der Weiterentwicklung der Supercars befasst, aber diese Arbeit wäre ohne die Erkenntnisse des niederländisch-schweizerischen Mathematikers Daniel Bernoulli (1700-1782) nicht möglich gewesen. Die sogenannte „Bernouilli-Gleichung" erklärt die Strömungsverhältnisse, die in der Aerodynamik zum Zuge kommen.

BLICK FÜRS DESIGN
DAS SPIEL MIT DEM ANPRESSDRUCK

BLINKLICHT
Moderne Renner der Formel 1 produzieren so viel Anpressdruck, dass sie theoretisch in der Lage wären, kopfüber durch einen Tunnel zu fahren.

RÜCKSPIEGEL
Während das Wettrüsten um den stärksten Motor die Ära der modernen Supercars dominierte, entwickelte sich in den letzten Jahren eine ähnliche Debatte um den Anpressdruck. Dabei sind beide nicht völlig unabhängig voneinander: Mit mehr Leistung in der Hinterhand können die Autobauer einen Teil davon abzweigen, um die Straßenlage bei Kurven zu verbessern. Der aktuelle Trend geht dahin, aktive aerodynamische Vorrichtungen einzubauen, die nur bei Bedarf Widerstand und Anpressdruck erzeugen.

SCHLÜSSELFIGUR
Der deutsche Professor, Ingenieur, Designer und Aerodynamiker Wunibald Kamm ist vor allem bekannt für das sogenannte „Kamm-Heck". Dieses verkürzte Heck reduziert den Luftwiderstand dramatisch. Zu den berühmten Fahrzeugen mit K-Heck gehören unter anderem der Ford GT 40, der Ferrari 250 GTO und das Shelby Daytona Cobra Coupe.

Das Tuning von Supercars ist durch ein kontinuierliches Spannungsverhältnis zwischen Anpressdruck und Endgeschwindigkeit des Fahrzeugs gekennzeichnet. Ein hoher Anpressdruck auf die Fahrbahn ist einerseits erwünscht, weil er das Handling verbessert: Je mehr Druck nach unten durch die Aerodynamik erzeugt wird, umso sicherer liegt das Fahrzeug auf der Straße. Andererseits erhöht der Anpressdruck aber den Luftwiderstand, der gerade bei Supercars unerwünscht ist, weil er den Nebeneffekt hat, das Fahrzeug zu verlangsamen.

Bei der Entwicklung der ersten Supercars wurde der Anpressdruck nicht oder nur wenig berücksichtigt. Die beeindruckenden Burschen hatten deshalb oft eine blitzartige Beschleunigung, beeindruckende Höchstgeschwindigkeiten – und die Tendenz, abzuheben. Wenn man sich die Ära der sogenannten „Bodeneffekte" in den Sechziger Jahren anschaut, stößt man auch auf das andere Extrem: Fahrzeuge mit einem solch absurd hohen Anpressdruck, dass die Federung extrem überstrapaziert wurde, Lenker und Querlenker den Dienst verweigerten und die Autos außer Kontrolle gerieten.

Die Supercars der Sechziger Jahre und nachfolgende Generationen übernahmen Spoiler, Schürzen und Diffusoren aus der Welt des Rennsports und profitierten von den damit erzielten Leistungssteigerungen. Sie adaptierten überdies auch das maskuline, funktionsgeprägte Aussehen der Rennsportfahrzeuge, aber es dauerte nicht lange, bis diese Designelemente sich auch auf „normalen" Sportwagen und sogar Familienkutschen wiederfanden.

Ähnlich wie die Ambivalenz von erforderlicher Luftzufuhr für die Kühlung von Motor, Bremsen und Getriebe einerseits und der gewünschten Verringerung des Strömungswiderstands andererseits ist auch die Feinabstimmung des Anpressdrucks ein Ausbalancieren zwischen gegensätzlichen Polen. Die Gestaltung eines optimalen Set-ups für Hochgeschwindigkeit kann dazu führen, dass das Handling unsicherer wird, je schneller das Auto fährt; andererseits hemmt ein zu hoher Anpressdruck die Beschleunigungsleistung und das Erreichen von Höchstgeschwindigkeiten (die wichtige Verkaufsargumente in dieser Fahrzeugklasse sind). Ein hoher Anpressdruck belastet darüber hinaus auch die Fahrwerkskomponenten und erfordert eine schwerere Konstruktion. Die Neuentwicklung aktiver Spoiler und Klappen, die auf Basis von geschwindigkeitsabhängigen Algorithmen ausfahren, ist ein großer Schritt in die richtige Richtung: Sie garantieren, dass das Fahrzeug stets den optimalen Anpressdruck hat, ohne dass die Geschwindigkeit stark beeinträchtigt wird.

BLICK FÜRS DESIGN
FORM VERSUS FUNKTION

Außergewöhnlich schnelle und visuell fesselnde Autos wurden nur selten für alltägliche Bedürfnisse wie Laderaum oder Treibstoffeffizienz entwickelt. Doch über die Jahrzehnte hinweg ist hier ein Wandel zu beobachten: Supercars entwickelten sich von wenig zuverlässigen und nicht alltagstauglichen Fahrmaschinen zu überraschend komfortablen, leistungsfähigen und vielseitigen Fahrzeugen.

In der Ära der Vergasermotoren und geschwungenen Karosserien – denken Sie an den AC Cobra oder an den Ferrari 275 GTB – forderten Supercars ihren Besitzern eine gewisse Leidensfähigkeit ab. Einen frühen Supercar zu fahren, hieß unerträgliche Lautstärke, launisches Wesen und Unwilligkeit bei niedrigen Geschwindigkeit ertragen zu lernen. Als sich die Vergaser zu Kraftstoffeinspritzsystemen entwickelten und das Federungssystem lernte, die Dämpfung automatisch zu straffen oder weicher zu machen, verbesserte sich das Fahrverhalten erheblich. Hardware-Innovationen und technische Fortschritte, die aus dem Rennsport übernommen wurden, verbesserten die Qualität der Fahrzeuge insgesamt, besonders aber Zuverlässigkeit und Langlebigkeit. Während das Rohrchassis den Weg der Dinosaurier ging und ausstarb, ermöglichte die Unibody-Konstruktion ein größeres Kabinenvolumen. Die steifere Bauweise führte zu ruhigerem Fahren und griffigerem Handling.

Da sich die Lebensdauer von Supercars immer weiter verlängert, spüren die Autobauer einen zunehmenden Druck, sich angesichts des harten Wettbewerbs stärker zu differenzieren. Wenn die Leistung eines Autos mit derjenigen seiner Konkurrenten vergleichbar ist, gewinnen Unterschiede im Design oder in der Exklusivität für potenzielle Neukunden an Bedeutung. Auch sind mechanisch-emotionale Elemente wie Sound, Motorkonfiguration und der schwer fassbare „X-Faktor" des Fahrgefühls von entscheidender Bedeutung. Jeder Autobauer bringt seine unverwechselbare Identität ein – sei es Technologie, Herkunftsland oder Motorsporttradition. Die automobile Landschaft ist in einem ständigen Wandel begriffen.

Die Marken stehen vor der Herausforderung, ihren Traditionen treu zu bleiben und zugleich immer höhere Leistungsziele zu erreichen. Die Technologien, die für stetig wachsende Sicherheit und mehr Komfort sorgen, drohen dabei in gewisser Weise unsere Spannung und Begeisterung zu dämpfen: Ist ein Supercar dann immer noch super, wenn er so komfortabel und leise ist, dass er für die Fahrt zum Supermarkt taugt?

BLINKLICHT
Eine kuriose Gemeinsamkeit aller Supercar-Marken ist das zugehörige passende Gepäck. Es gibt von maßgefertigten Ledertaschen bis hin zu Aktenkoffern aus Kohlefaser so ziemlich alles, was das Herz begehrt. Die maßgefertigten Gepäckstücke relativieren die Raumbeschränkungen eines Supercars.

RÜCKSPIEGEL
Scheren-Türen waren seit den Siebziger Jahren eine typische Supercar-Komponente. Im Laufe der Zeit wurde diese Funktionalität weiterentwickelt, um mehr Komfort bieten zu können. Die Dihedral-Türen der McLaren-Modelle beispielsweise öffnen sich nach außen und nach oben, um den Einstieg in die Fahrerkabine zu erleichtern. Beim 720 S gibt es eine weitere innovative Verbesserung, bei der ein Teil des Dachs als Verlängerung der Türe mit aufgeklappt wird.

SCHLÜSSELFIGUR
Audi, Teil der Volkswagen-Gruppe, erwarb 2008 die Firma Lamborghini. Seitdem hat Audi die sehr italienische und launische Automobilmanufaktur zu einer echten Industriegröße geformt. Ein Großteil der Neu-Organisation verantwortete Stephan Winkelmann, der das Unternehmen elf Jahre lang leitete, bevor er Audi Sport und Bugatti übernahm.

BLICK FÜRS DESIGN
ANGEWANDTE BIOMIMIKRY

BLINKLICHT

McLaren Automotive ist ein großer Förderer der Biomimikry. Das PR-Team postete 2017 sogar einen Aprilscherz mit einem in Vogelfedern gekleideten Fahrzeugmodell, das – so die Nonsens-Begründung – für die „Verzögerung des Übergangs von einer laminaren zu einer turbulenten Luftgrenze" sorgt.

RÜCKSPIEGEL

Biomimikry lässt sich bis zu Leonardo da Vincis Versuchen, den Vogelflug mit riesigen schlagenden Flügeln nachzuahmen, zurückverfolgen. In der Autowelt setzte sich der Trend erst in den 1930er-Jahren durch, als stromlinienförmige Autos wie der Chrysler Airflow versuchten, den Wind zu überlisten.

SCHLÜSSELFIGUR

Einer der größten Verfechter der Biomimikry ist Frank Stephenson, McLaren Automotives ehemaliger Designdirektor. Stephenson sagte: „An jedem Tag, an dem ich in meinem Büro forsche, sieht es danach aus, als studierte ich Biologie und nicht Autodesign."

Von Wabenmustern in Verbundwerkstoffen, die die Stabilität erhöhen, bis zu Spoilern, die die Form von Vogelschwingen aufgreifen – moderne Supercars nehmen vielfältige Anleihen in der Natur, um höhere Effizienz und Geschwindigkeit zu erzielen. Diese Praxis geht bis auf die 1930er-Jahre zurück, als stromlinienförmige Autos in Tropfenform versuchten, den Wind zu überlisten. Heute gehen die Designer und Ingenieure sehr viel zielgerichteter vor und untersuchen von Mikrokrümmungen in der Faseroptik über Konturen von Flügelformen bis zu mikroskopischen Strukturen der Schuppen von Fischen wirklich alles.

Die Supercar-Designer der Fünfziger und Sechziger Jahre versahen ihre Kreationen noch mit anthropomorphen Gesichtern und den weiblichen Rundungen nachempfundenen Karosserieformen; doch erst die Daten aus dem Windkanal (und aus der computergestützten Flüssigkeitsanalyse) zeigten den Nutzen der Biomimikry für den Fahrzeugbau, wenngleich das Imitieren von Strukturen aus der Natur keineswegs auf den Automobilbau beschränkt ist. (Denken Sie etwa an die weit verbreiteten Winglets, die kleinen Vorsprünge an den Enden von Flugzeugtragflächen, die auf die auf die Beobachtung zurückgehen, dass Raubvögel ihre Flügelspitzen hoch falten, um den Luftwiderstand zu vermindern.) Angewandte Biomimikry findet sich in nahezu allen Disziplinen von Flugzeugdesign bis zur Architektur wieder.

Die meisten Forschungsarbeiten im Bereich der Biomimikry zielen darauf ab, die aerodynamische Effizienz zu erhöhen, Windgeräusche zu minimieren und den Luftstrom wirksam umzuleiten. Schauen Sie sich einmal die fünf kleinen Unebenheiten auf den Außenspiegeln von McLaren Modellen an: Sie verändern den Luftstrom so, dass die Geräuschbelastung in der Innenkabine deutlich reduziert wird. Inspiriert wurden die kleinen Höcker durch fliegende Fische. Die Schuppentextur derselben Tiere lieferte den Ansatz für die Optimierung der Ansaugkanäle des P1-Motors, durch die 17 % mehr Luft in die Brennkammer gelangt.

Wenn Konzeptstudien ein Hinweis auf die zukünftige Nutzung von Biomimikry sein sollten, dann können wir auf Karosseriekomponenten, die bei hohen Geschwindigkeiten ihre Form verändern und sich verschlanken, gespannt sein.

BLICK FÜRS DESIGN
SUPER SUV

BLINKLICHT

Kritiker, die den Urus (Lamborghinis zweiten Versuch im SSUV-Metier) ins Visier nehmen, werden es schwer haben, über seine Leistung zu mäkeln: Der über 300 Stundenkilometer schnelle Urus beschleunigt von 0 auf 100 binnen 3,6 Sekunden und ist damit schneller als der Gallardo, Lamborghinis früheres „Einstiegsmodell" im Supercar-Segment.

RÜCKSPIEGEL

Die militärischen Wurzeln des Lamborghini LM002 spiegeln sich in seinem zurückgenommenen Styling, aber der Spitzname „Rambo Lambo" geht auf LM002-Besitzer Sylvester Stallone zurück, der in den Rambo-Actionfilmen mitwirkte.

SCHLÜSSELFIGUR

Ferrari hat sich dem Wagnis eines Engagements außerhalb des Supercar-Genres lange widersetzt, aber CEO Sergio Marchionne wagte letztlich doch den dramatischen Traditionsbruch, als er zugab, dass Ferrari an einem Super SUV arbeitet. „Per Definition wird er sich wie ein Ferrari fahren, er muss einfach" so Marchionne über den kommenden Ferrari Super SUV.

Supercars sind zunächst einmal das, was der Name impliziert – nämlich Autos. Das Aufkommen der sogenannten Super SUV (SSUV) – hoch gebaute, überdimensionierte Fahrzeuge mit außergewöhnlicher Leistung und luxuriöser Ausstattung – stellt diese Konvention allerdings geradezu auf den Kopf.

Der Super SUV erschien in Folge des rasanten Aufstiegs der SUV zu Beginn der 2000er-Jahre. Als die Verkaufszahlen der Premium-SUV diejenigen der Luxus-Limousinen in den Schatten stellten, profitierten Marken wie etwa Range Rover vom Trend, indem sie maßgeschneiderte Fahrzeuge anboten, deren Innenausstattung mit der von britischen Nobelmarken wie etwa Rolls Royce mithalten konnte.

Wegbereiter für den wirtschaftlichen Erfolg dieser wachsenden Nische war der Porsche Cayenne, obwohl er bei seinem Erscheinen 2003 vielen eingefleischten Porsche-Fans die Zornesröte ins Gesicht trieb. Der Cayenne überflügelte die Verkaufszahlen von Porsches altehrwürdigem 911 und bewahrte das ehemalige Flaggschiff des Unternehmens damit wahrscheinlich vor dem Untergang. 2015 stellte Bentley den SUV Bentayga vor, ein Fahrzeug mit Zwölfzylinder-Motor und einer Höchstgeschwindigkeit von bis zu 300 Stundenkilometern, dessen Mischung aus Leistung und Luxus die Kritiker überraschte. Lamborghini folgte bald darauf mit dem Urus, ihrer eigenen 641 PS starken Inkarnation eines „Supercar auf Stelzen".

Obwohl die Super SUV noch nicht allzu lange im Bewusstsein der Enthusiasten verankert sind, können die Anfänge dieser Gattung bis in das Jahr 1977 zurückverfolgt werden. Damals baute Lamborghini den Cheetah, den Prototypen eines Militärfahrzeugs, das Lamborghini jedoch keinen Regierungsauftrag eintrug und das Unternehmen daher in eine gefährliche Schieflage brachte. 1981 stellte Lamborghini ein weiteres Offroad-Konzeptfahrzeug vor, den LM001. Aber es sollte bis 1986 dauern, ehe Lamborghinis erster serientauglicher Super SUV LM002 auf der Brüsseler Automesse vorgestellt wurde. Das schockierend kantige Auto war Exzess in Reinkultur. Mit einem ungeschlachten Zwölfzylinder-Motor aus dem Countach unter seiner gewölbeartigen Haube, brachte das drei Tonnen schwere Monster bedrohliches, postapokalyptisches Styling mit bulliger Leistung und in Leder gehülltem Innenraum zusammen. Nur dreihundert Einheiten des LM002 wurden während des Zeitraums von 1986 bis 1992 gebaut und schlugen vorerst den letzten Nagel in den Super SUV Sarg ein, ehe das Genre zu Beginn des 21. Jahrhunderts wieder zu neuem Leben erwachen sollte.

Nobelmarken wie Aston Martin oder Rolls-Royce haben nun Super SUV in Arbeit, genau wie Ferrari auch. Das Unternehmen mit dem tanzenden Pferd interpretiert den Super SUV neu und setzt die etablierten SSUV-Anbieter gewaltig unter Druck.

GORDON MURRAY

Gordon Murray ist der Vater des McLaren F1, der im Allgemeinen als einen der großartigsten Supercars aller Zeiten betrachtet wird. Murrays steile Karriere begann 1969 als Konstrukteur für das Brabham Formel 1 Team: Es war eine prägende Zeit für die Motorsportbranche, die es Murray ermöglichte, die Grenzen der Motorsport-Technik zu verschieben. Durch die Entwicklung des BT 55, einem Fahrzeug mit minimiertem Luftwiderstandwiderstand bei hoher Bodenhaftung, setzte sich Murray an die Spitze des nicht unbeträchtlichen Talentpools im Motorsport. Murray brachte seine Erfahrungen zwischen 1987 und 1991 in das Formel 1 Team von McLaren ein, und er hat den kometenhaften Aufstieg von Ayrton Senna begleitet, wie auch den Erfolg von Sennas Teamkollegen und Rivalen Alain Prost.

Nachdem er zu vier aufeinanderfolgenden Konstrukteurs- und Fahrermeisterschaften für McLaren beigetragen hatte, übernahm er eine Leitungsfunktion für die Entwicklung von Straßenfahrzeugen bei McLaren Automotive. Dort versuchte er sogleich in seinem ersten Projekt den ultimativen straßentauglichen Supercar zu bauen. Als erstes Serienauto mit einer Monocoque-Konstruktion aus Kohlefaser wog der F1 mit 1.018 Kilogramm in etwa so viel wie ein zierlicher Mazda MX 5, wurde aber von einer monströsen 6,1-Liter-Zwölfzylindermaschine angetrieben, die 618 PS mobilisierte.

Es wurde an nichts gespart, um den F1 außergewöhnlich zu machen. Der Motor wurde mit Goldfolie isoliert, Kevlar-Ventilatoren unter dem Fahrzeug halfen, den Anpressdruck zu erhöhen, und eine Vielzahl ausgereifter Hardware-Vorrichtungen bescherten dem F1 erstaunliche Leistungswerte: Eine Beschleunigung von 0 auf 100 innerhalb von 3,2 Sekunden und eine Höchstgeschwindigkeit von über 370 Stundenkilometern. Es wurden lediglich 107 Einheiten des F1 produziert (davon 71 als Straßenfahrzeug). Sein Verkaufspreis betrug skandalöse 815.000 Dollar, doch wurde zuletzt auf einer öffentlichen Auktion ein Preis von 15.620.000 Dollar erzielt.

Nach dem F1 arbeitete Murray am Mercedes-Benz SLR McLaren, einem Supercar ganz eigenständiger Art. Die Zusammenarbeit mit Mercedes-Benz und McLaren führte aber unausweichlich zu einigen Kompromissen. Auf lange Sicht erscheint es unwahrscheinlich, dass der Mercedes-Benz SLR McLaren jemals den Status des legendären F 1 einnehmen wird.

Murray gründete im Jahr 2007 seine eigene Beratungsfirma und arbeitete an so unterschiedlichen Projekten wie einem hocheffizienten Stadtauto und einem ultra-leichten, zweisitzigen Hochleistungsfahrzeug.

GLOSSAR

AERODYNAMIK: Die Untersuchung des Luftstroms und seine Interaktion mit Objekten. Bei Fahrzeugen untersucht die Aerodynamik, wie viel Energie etwa ein Auto benötigt, um die Luft zu verdrängen und wie sich das Verhältnis von Geschwindigkeit und Anpressdruck auf die Fahrstabilität auswirkt.

ANPRESSDRUCK/ABTRIEB: Die senkrecht nach unten gerichtete Kraft, die auf ein Fahrzeug wirkt, während es sich bewegt. Der Abtrieb kann einem Fahrzeug zu einer schnelleren Fahrt durch Kurven verhelfen, aber die aus dem Abtrieb entstehenden Turbulenzen können die Höchstgeschwindigkeit und die Beschleunigung negativ beeinflussen.

BERNOUILLI-GLEICHUNG: Das Theorem des Schweizer Mathematikers Daniel Bernouilli beschreibt, wie schnell bewegte Luft zu weniger Druck führt. Das Phänomen erklärt, weshalb ein Flügel Auftrieb bewirkt und wie eine Fahrzeugkarosserie Abtrieb erzeugen kann.

BIOMIMIKRY: Die Einbeziehung von Merkmalen aus der Natur (insbesondere der Tierwelt) in das Design oder die Struktur von unbelebten Objekten.

COMPUTATIONAL FLUID DYNAMICS: Ein Zweig der Computersimulation, der einen Windkanal simuliert, indem die Bewegungen der Luftmoleküle als Fluide (Flüssigkeiten) betrachtet werden. Computersimulationen haben viele zeitaufwendige und ressourcenintensive Versuche im Windkanal ersetzt.

DIFFUSOR: Ein geripptes Leitblech oder Struktur einer Karosserieverkleidung, die üblicherweise am Heck eines Fahrzeugs angebracht ist, um den Luftstrom unter dem Auto zu beschleunigen und eine Unterdruckzone zu entwickeln, die Abtrieb erzeugt.

FLÜGEL: Ein Tragflügel, der Abtrieb erzeugt, indem er die Luftströmung nach oben hin ableitet. Flügel an Autos verhalten sich genau umgekehrt wie bei Flugzeugen (bei denen das Tragflächenprofil Auftrieb erzeugt), weil sie kopfüber montiert werden und deshalb Abtrieb erzeugen.

GURNEY-FLAP: Ein kleiner, paddelähnlicher Flügel, der entweder fixiert ist oder bewegt werden kann, um den Luftstrom zu beeinflussen. Der Gurney-Flap, von dem amerikanischen Rennfahrer Dan Gurney entwickelt, ist ein Blechwinkel am hinteren Ende eines Fahrzeugflügels. Er erzeugt eine Abrisskante, die den Abtrieb verstärkt, aber den Luftwiderstand nur geringfügig erhöht.

KAMM-HECK, K-HECK: Eine nach dem deutschen Ingenieur und Aerodynamiker Wunibald Kamm benannte Karosserieform, bei der das Heck abrupt endet. Das durch diese Form erzeugte aerodynamische Fahrzeugprofil reduziert den Luftwiderstand.

LÜFTUNGSÖFFNUNGEN: Öffnungen in der Fahrzeugkarosserie, die die Entlüftung ermöglichen, sei es zur Verbesserung des Luftstroms oder zur Wärmeabfuhr.

LUFTWIDERSTANDSWERT: Eine Maßeinheit dafür, auf wieviel Widerstand ein Objekt beim Bewegen durch den Raum aufgrund seiner Größe, Form und Luftströmungseigenschaften trifft.

SCHÜRZE: Ein Bauteil an der Fahrzeugunterkante (z.B. an der Fahrzeugfront), der den Luftstrom so beeinflusst, dass ein Unterdruck entsteht, der das Fahrzeug in Richtung Fahrbahn zieht und an der Straße „kleben" lässt.

SPLITTER: Eine horizontale Verlängerung an der Nase eines Fahrzeugs, die die Luft teilt („splittet"), um hohen Druck nach oben wegzuleiten, damit Abtrieb erzeugt wird.

SPOILER: Eine Klappe, die den Luftstrom „verdirbt"(engl. to spoil) oder stört, um so aerodynamischen Auftrieb zu verhindern. Spoiler sind nicht zu verwechseln mit Flügeln, die dazu da sind, Anpressdruck oder Abtrieb zu generieren.

UNIBODY: Einteiliges Chassis. Unibody-Fahrzeuge sind tendenziell etwas starrer und weniger komplex als Rohrchassis-Konstruktionen.

WINDKANAL: Eine Anlage, die den Luftwiderstand und Abtrieb misst, indem sie Luftstrom an einem Fahrzeug vorbeileitet.

RENAISSANCE IN DEN ACHTZIGERN

Lamborghini Countach LP500S
Porsche 959
Ferrari F40
Ferrari Testarossa
Vector W8
BMW M1
Lotus Esprit Turbo
Carroll Shelby
Glossar

RENAISSANCE IN DEN ACHTZIGERN
LAMBORGHINI COUNTACH LP500S

BLINKLICHT

Lamborghini suchte nach einer weiteren Leistungssteigerung und stattete zwei LP500S mit Turboladern aus. Es blieb beim Versuch und von den beiden Konzeptstudien blieb lediglich ein Fahrzeug übrig.

RÜCKSPIEGEL

Der massive Heckflügel des Countach LP500S war sein markantestes Designmerkmal und verstärkte seine ohnehin bereits auffällige Präsenz weiter. Der ursprünglich von Formel-1-Rennstallbesitzer Walter Wolf in Auftrag gegebene sogenannte Wolf-Spoiler verlangsamte das Fahrzeug allerdings.

SCHLÜSSELFIGUR

Firmenchef Ferruccio Lamborghini erntete die meisten Meriten für Kreationen wie den Countach, aber ohne die Ingenieurleistung von Paolo Stanzani und Massimo Perenti wäre dieses Fahrzeug ebenso wenig möglich gewesen wie ohne die Mitwirkung von Unternehmenspionieren wie Gion Paolo Dallara , Giotto Bizzarini und Bob Wallace.

Im Jahr 1974 begeisterte der erste Lamborghini Countach LP400 die Welt mit einem insektenartigen Profil und einer nie gesehenen Fahrzeuggeometrie, aber die italienische Schönheit mit den Scherentüren erreichte ihren Zenit erst in den 1980er-Jahren, einem Jahrzehnt, in dem der Autobauer aus Sant'Agata nachlegen musste, um in einem hart umkämpften Markt noch mithalten zu können. Gegenüber dem Countach LP400S aus den Siebzigern brachte die neue Generation Kotflügel-Verbreiterungen aus Glasfaser und fettere Reifen mit (was ihm im Übrigen eine muskulösere Anmutung gab und für sein gutes Handling sorgte), war aber trotz 355 PS tatsächlich langsamer als sein Vorgängermodell – nicht gerade super, wenn man auf die Pauke hauen möchte!

Es dauerte daher nicht lange, bis 1982 der LP500S mit seinem knurrenden 4,75 Liter-Zwölfzylindermotor auftauchte und dem Erzfeind Ferrari Feuer unter dem Hintern machte. Während die ausgestellten Kotflügel die Straßen-Reputation erhöhten, zementierte die sagenhafte Leistungsbereitschaft des LP500S den Ruf Lamborghinis, eine ernsthafte Größe im Supercar-Mikrokosmos zu sein. Der LP500S mit seinen 375 PS, seinem Zwölfzylindermotor und seinem Drehmoment von 418 Nm war etwas schwerer als sein Vorgänger, er ebnete allerdings den Weg für den ultimativen Countach LP5000 QV (oder Quattrovalvole), einem 455 PS und 500 Nm starken Ausrufezeichen, dessen brutale Leistungskraft von seiner außerirdischen Anmutung letztlich gespiegelt wurde. Seine Fahrdynamik entsprach seinem übertriebenen Styling: Das Fehlen einer Servolenkung und die berüchtigte Schwergängigkeit der Kupplung sorgten dafür, dass der Fahrer bei niedrigen Geschwindigkeiten richtig arbeiten musste und bei hohen Geschwindigkeiten ein lustvoll-schmerzhaftes Fahrerlebnis genießen konnte. Das niedrige und geschwungene Layout erwies sich als unhandlich für die Praxis, die begrenzte Sicht nach hinten führte dazu, dass der Fahrer beim Einparken die Scheren-Tür öffnen musste, um sich über die Türschwelle gelehnt einen Überblick nach hinten zu verschaffen.

Puristen bevorzugen natürlich die zurückhaltenden und sauberen Formen der früheren Modelle, aber es sind die Varianten mit verbreiterten Kotflügeln und großem Heckflügel, die es auf die Poster unserer Kindheit und in unsere (Film-)Träume schafften. Der Countach ist gerade wegen seiner übersteigerten Persönlichkeit und seiner überlebensgroßen Präsenz zum Inbegriff des Supercar schlechthin geworden.

RENAISSANCE IN DEN ACHTZIGERN
PORSCHE 959

BLINKLICHT
Die Gangschaltung des 959 schließt einen zusätzlichen Gang vor dem ersten ein, der mit einem „G" für „Gelände" gekennzeichnet ist – ein ganz kleiner Gang, der den Fahrern zur Verfügung steht, die durch unwegsames Gelände fahren wollen.

RÜCKSPIEGEL
Der Porsche 959 hatte keine offizielle Homologation für den amerikanischen Markt. Das führte dazu, dass der von Microsoft-Magnat Bill Gates importierte Porsche 959 dreizehn Jahre lang beschlagnahmt war. Erst als er und andere Fans wie Jerry Seinfeld bei der Regierung als Lobbyisten vorstellig wurden, erlaubte eine Sondergenehmigung für „Ausstellungen und Shows" die Inbetriebnahme unter bestimmten Bedingungen innerhalb der Vereinigten Staaten.

SCHLÜSSELFIGUR
Zwar war es Porsche-Chef Peter Schutz, der den Porsche 959 durchsetzte, doch der Kopf hinter den technischen Finessen des schwindelerregend komplexen Autos war Professor Helmuth Bott.

Während die meisten Supercars der Achtziger Jahre durch wildes Styling und exzentrisches Charisma berühmt wurden, erlangte der Porsche 959 seine Berühmtheit durch kompromisslose Technik und deutsche Wertarbeit. Lose auf der Plattform des seit Jahrzehnten bewährten 911 basierend, wurde die Erstauflage des Porsche 959 im Jahr 1983 auf der Frankfurter Automobilmesse als „Gruppe B"-Fahrzeug vorgestellt, der Rennklasse des Rallye-Sports, die von kompromiss- und hemmungslosen Monstern wie dem Audi Quattro S1 und dem Ferrari 288 GTO dominiert wurde.

Die Homologation für die Gruppe B erforderte die Herstellung von mindestens 200 Straßenfahrzeugen. Die Silhouette des 959 ähnelte derjenigen des 911 sehr, doch verbarg die Kevlar- und Aluminiumkarosserie eine dramatisch überarbeitete Hardware. Der luftgekühlte Sechszylindermotor aus dem Porsche 911 wurde ersetzt durch einen hochgezüchteten, 450 PS starken Motor mit wassergekühlten Zylinderköpfen und dem ersten sequenziellen Turbolader. Der Antrieb erfolgte über ein Sechsgang-Schaltgetriebe, das mittels eines ausgeklügelten Allradsystems die Kraft variabel auf alle vier Räder verteilte. Ein komplexes Federungssystem mit vom Benutzer einstellbarer Niveauregulierung und Straffheit erleichterte zusätzlich das Handling des 959, der vielseitig genug für befestigte und unbefestigte Wege war. Unter den weiteren vielen innovativen Details des Porsche 959 waren Magnesium-Hohlspeichen-Räder sowie die weltweit ersten Runflat-Reifen.

Der sogenannte Porsche 953 war der Vorläufer des späteren 959. Der 953 kam bei der Rallye Dakar, einem zermürbenden 12.000-Kilometer-Rennen durch Afrika, zum Einsatz, lieferte eine makellose Leistung ab und holte sich den Sieg in der Automobilwertung – ein grandioser Erfolg. Die Vielseitigkeit dieser Plattform wurde abermals 1986 unter Beweis gestellt, als der 961, eine Straßenrennsportvariante des 959, bei den 24 Stunden von Le Mans antrat, in seiner Gruppe siegte und einen siebten Platz in der Gesamtwertung erkämpfte.

Mit insgesamt nur 337 produzierten Exemplaren ist der Porsche 959 ein seltenes und ungewöhnliches Fahrzeug, dessen Leistung der Bezugspunkt für Ferrari war, um mit dem F40 zu kontern.

RENAISSANCE IN DEN ACHTZIGERN
FERRARI F40

BLINKLICHT
Alle Ferrari verließen das Werk in dem roten Farbton „rosso corsa", obwohl Gerüchte besagen, dass einige wenige Exemplare in unterschiedlichen Farbtönen entkamen.

RÜCKSPIEGEL
Der Ferrari war das erste Auto, das die Schallmauer von 200 mph durchbrach (ungefähr 322 km/h), offiziell lag die Höchstgeschwindigkeit bei 201 mph (oder 324 km/h). Autozeitschriften taten sich bei unabhängigen Testläufen schwer, diese Geschwindigkeiten zu erreichen, „Car and Driver" zählte 197 mph die Stunde, „Road & Track" kam auf 195 mph, „Autor-MotorSport" maß 321 km/h.

SCHLÜSSELFIGUR
Der F 40 war der letzte Ferrari, dem Enzo Ferrari seine Zustimmung gegeben hatte. „Il Commendatore" starb im Alter von neunzig Jahren am 14. August 1988, im Jahr, in dem der F 40 auf den Markt kam.

Man würde es nicht für möglich halten, dass der scharf gestylte Ferrari F40 seinen Vorgänger im Coca-Cola-flaschenförmigen „Gruppe B"-Renner 288 GTO hatte. Die Bestie, die am 21. Juli 1987 enthüllt wurde, war allerdings weit mehr als nur ein atemberaubendes neues Ferrari-Modell. Der F40 erschien zum vierzigjährigen Jubiläum der Marke und wurde der wichtigste straßentaugliche Ferrari seiner Zeit.

Als letztes Modell, das von Enzo Ferrari freigegeben wurde, markiert der F40 das Ende einer ganzen Ära. Umfassende Entwicklungsarbeit wurde geleistet, um ihn damals zum schnellsten und stärksten Ferrari zu machen. Als dringend benötigte Antwort auf den Porsche 959 wurde er innerhalb von nur zwölf Monaten vom Konzept zum fertigen Produkt entwickelt.

Während der 959 eine ausgereifte technische Meisterleistung war, war der F40 roh und brutal – ein Renner für die Straße. Er wog nur etwas über 1.250 Kilogramm, da eine Komposit-Konstruktion von elf Karosserieteilen aus Kevlar und Karbon eingesetzt wurde, die mit einem stählernen Rohrchassis verbunden war. Die stark geneigte Nase war das auffälligste Designmerkmal des F40, die die Frontfläche und damit den Luftwiderstand verringerte. Seine Rennorientierung wurde durch einen massiven Spoiler unterstrichen.

An der Bequemlichkeit wurde beim F40 zugunsten seiner Mission als erbarmungslosem Leistungssportler gespart: Die Innenkabine hatte keine Lederausstattung, keine Türverkleidung, keinen Teppichboden und auch kein Handschuhfach. Die ersten fünfzig Fahrzeuge hatten Schiebefenster aus Polycarbonat, danach wurden Handkurbelfester verbaut. Das extreme Leichtgewicht wurde von einem 2,9-Liter-Achtzylindermotor mit Bi-Turbolader, der 471 PS leistete, angetrieben. Der F40 beschleunigte von Null auf Zweihundert in gerade einmal 12 Sekunden und war damit schneller als sein hoch technisierter Angstgegner, der Porsche 959. Die Beschleunigungswerte waren natürlich stark abhängig vom Können des Fahrers, denn die Schaltvorgänge wurden mit der berüchtigten, kniffligen Ferrari Schaltung getätigt.

Der F40, zwischen 1987 und 1992 produziert, repräsentiert den Höhepunkt der Fähigkeiten Ferraris in Bezug auf Straßenfahrzeuge und ist ein Denkmal Enzo Ferraris über vierzig Jahre währender Herrschaft. Trotz des schwindelerregend hohen Einstiegspreises von damals 400.000 Dollar trieb die anfängliche Limitierung auf 450 Exemplare den Preis auf fast das Doppelte, aber zuletzt wurden doch 1.311 Exemplare gefertigt, um die treuesten Fans der Marke zufriedenzustellen.

RENAISSANCE IN DEN ACHTZIGERN
FERRARI TESTAROSSA

BLINKLICHT

Die auffälligen Schlitze an den Seiten des Testarossa waren weit mehr als ein hübscher Styling-Gag: Sie waren Pininfarinas Antwort auf die internationalen Fahrzeugvorschriften bezüglich der erlaubten Größe von Lufteinlässen.

RÜCKSPIEGEL

Viele Tuning-Schmieden boten Umbauten des Testarossa zum Cabriolet an, aber das einzige werksseitig gefertigte Cabriolet war ein silbernes Unikat im Auftrag von Fiat-Chef Gianni Agnelli.

SCHLÜSSELFIGUR

Während Firmenchef Enzo Ferrari seine einflussreiche Hand bei allen Modellen im Spiel hatte, wird der Erfolg des Testarossa oftmals auf seine einprägsame Anmutung zurückgeführt, die aus der Feder des Designers Sergio Pininfarina kam.

Wenn der Ferrari F 40 in den späten Achtziger Jahren die emotionale Antwort auf den technisch-rationalen Porsche 959 war, dann spielt der Ferrari Testarossa 1984 dieselbe Rolle mit umgekehrten Vorzeichen für seinen Erzrivalen, den Lamborghini Countach: Der Testarossa war die raffinierte und verfeinerte Antwort auf Lamborghinis unerhörten Bullen.

Der Testarossa (italienisch für Rotschopf) bekam seinen Namen vom Ferrari 250 Testa Rossa, einem kurvenreichen Rennfahrzeug aus den 1950er-Jahren. Zugleich war er der Nachfolger von Ferraris erstem Zwölfzylinder-Mittelmotor-Wagen, dem Berlinetta Boxer (BB512). Das neue Modell hatte ein extrem ausgeprägtes Achtziger-Jahre-Design mit üppigen Proportionen; seine große Fahrzeugbreite von 1,97 Meter machte ihn für fast drei Jahrzehnte zum breitesten straßentauglichen Ferrari. Die Seitenschlitze am Testarossa erschienen zunächst einmal dekorativ, faktisch verbargen sie aber zwei Kühler, die das feurige 4,9-Liter-Zwölfzylinder-Triebwerk während der Fahrt kühlten. Der Testarossa war leistungsstärker als sein Vorgänger, der Berlinetta Boxer. Seine effiziente Bauweise machte ihn auch zu einem modernen Exoten, der überdies wohnlich war, eine annehmbare Rundumsicht sowie eine gut isolierte Insassenkabine und eine effektive Klimaanlage hatte.

Zu Beginn hatte der Testarossa 390 PS, und sein abgestimmter Motor war die melodiöse Antwort auf das raue Röhren des Countach: Beide verhielten sich wie Yin und Yang zueinander. Seine Fahrdynamik war gleichfalls harmonisch, sein Handling war berechenbar und das Fahren selbst war kontrollierbar. Seine geräumige Fahrzeuginnenkabine bot Komfort und Benutzerfreundlichkeit und machte den Testarossa zu einem der ersten funktionalen Supercars.

Spätere Versionen waren der 512 TR von 1992 mit verbessertem Handling und stärkerer Leistung von 428 PS sowie der 512 M (modificato) mit seinen 440 PS, die beide den Schwanengesang auf das flache Zwölfzylinder-Triebwerk anstimmten. Der Testarossa erlebte eine sehr große Nachfrage, die rasch zu steigenden Preisen führte. Während seiner zwölfjährigen Produktionslaufzeit erwies er sich mit insgesamt 7.177 verkauften Fahrzeugen als großer kommerzieller Erfolg für Ferrari. Das ist eine sehr große Zahl für einen Supercar, der alles hatte, vor allem eine universal wirksame ästhetische Anmutung.

RENAISSANCE IN DEN ACHTZIGERN
VECTOR W8

Im Windschatten der Aufsehen erregenden Supercars der arrivierten Hersteller tauchte der Vector W8 als Außenseiter Ende der 1980er-Jahre mit futuristischem Styling und einem Motor aus der amerikanischen Muscle Car Szene auf. Der W8 war das Geisteskind von Jerry Wiegert, der Erfahrungen aus der Detroiter Autoindustrie mitbrachte und sich vom Engineering der Luft- und Raumfahrttechnik inspirieren ließ.

Der Vector W8 wurde im kalifornischen Wilmington gebaut und verfügte über einen von General Motors entwickelten Bi-Turbo-6-Liter-Achtzylinder-Motor, der stolze 650 PS leistete und ein Drehmoment von 880 Nm bereitstellte – Zahlen, die die damaligen Spitzenmaschinen von Ferrari oder Lamborghini bei Weitem übertrafen. Der W8 beschleunigte von 0 auf 100 innerhalb von nur 4,2 Sekunden und hatte eine geschätzte Höchstgeschwindigkeit von 350 Stundenkilometern. Damit stellte er die Leistungsfähigkeit der etablierten Supercars in den Schatten.

Der W8 war ein keilförmiges technisches Wunderwerk aus Kohlefaser, Fiberglas und Kevlar. Der Innenraum war üppig mit Velourleder und Leder ausstaffiert, und die kleinen Knöpfe und Leuchtdisplays auf dem Armaturenbrett erinnerten mehr an ein Kampfjet-Cockpit als an einen teuren Sportwagen. Die Achillesferse des Vector war allerdings das modifizierte GM Turbo Hydramatic 3-Gang-Automatik-Getriebe: In einer Zeit, in der andere Spitzenfahrzeuge längst mit Fünf- oder Sechsgang-Getrieben unterwegs waren, erschien die Dreigang-Automatik in dem sonst so fortschrittlichen Wagen als vollkommen überholt und unterdimensioniert.

Es wurden lediglich neunzehn Vector W8 Fahrzeuge gebaut, wobei sich die Produktion dadurch verlangsamte, dass der nicht eben bescheidene Einstiegspreis von 250.000 Dollar auf geradezu lächerliche 400.000 Dollar anstieg. Wie so viele Neugründungen in der Automotive-Industrie ging auch Vector schließlich den Weg der Dinosaurier und verschwand.

BLINKLICHT

Tennisstar Andre Agassi erwarb ein frühes Exemplar des Vector W 8 und versprach, den Wagen (vorerst) nicht zu fahren, weil die vorgeschriebenen Tests auf Erfüllung der Abgasnormen noch nicht erfolgt waren. Als das Auto dann überhitzte, bestand er auf dem Rückkauf durch das Unternehmen zum vollen Kaufpreis von 400.000 Dollar.

RÜCKSPIEGEL

Das indonesische Unternehmen Megatech, dem zeitweilig auch Lamborghini gehörte, übernahm das Unternehmen Vector im Jahr 1993. Es steckte Komponenten des Lamborghini Diablo in den Vektor W12, verkaufte aber nur ein Dutzend Einheiten, bis die Marke scheiterte.

SCHLÜSSELFIGUR

Der Erfinder und Unternehmer Jerry Wiegert war die treibende Kraft hinter Vector. Er übernahm 2008 wieder die Kontrolle über Vector und kündigte an, einen neuen, 1.800 PS starken Supercar bauen zu wollen. Dieses Fahrzeug blieb bis heute eine Idee, doch sieht man Wiegert auf den Autobahnen rund um Los Angeles hin und wieder in seinem Vector W 8.

RENAISSANCE IN DEN ACHTZIGERN
BMW M1

BLINKLICHT

Der BMW M1 war der erste Wagen mit Mittelmotor, der bei BMW in die Serienproduktion ging. Es sollte weitere sechsunddreißig Jahre dauern, bis BMW mit seinem nächsten Mittelmotor-Modell, dem PlugIn-Hybrid i8, auf den Markt kam.

RÜCKSPIEGEL

Die Produktion des M1 umfasste nicht weniger als fünf Fertigungsstationen, darunter zwei italienische Firmen für Fahrgestell und Karosserie, bis hin zu deutschen Unternehmen, die für die Installation des Antriebsstrangs zuständig waren.

SCHLÜSSELFIGUR

Der M1 wurde von Jochen Neerpasch, dem damaligen Leiter der Motorsportabteilung, auf die Straße gebracht. Neerpaschs Vision verlangte zwingend nach der Mittelmotor-Konfiguration des M1, doch sein ursprünglicher Plan, ein WM-taugliches Auto zu bauen, scheiterte an der Projekt-Logistik.

Der Anspruch BMWs, zum illustren Club der Supercars aufzuschließen, wurde durch den elegant geformten Zweisitzer M1 eingelöst. Ob der M1 tatsächlich ein echter Supersportwagen ist oder mehr ein hochpreisiger Sportwagen-Exot, lässt Raum für Diskussionen. Doch wurde der M1 ursprünglich 1975 für die Teilnahme an der Weltmeisterschaft der Gruppe 4/5 konzipiert, womit BMW Porsche in Bedrängnis hätte bringen können. Im Gegensatz zu anderen deutschen Projekten erwies sich der Weg des M1 zur Produktionsreife allerdings als holpriger und zeitaufwendiger als geplant.

BMW plante, 800 straßentaugliche Fahrzeuge zu bauen und damit weit mehr als die für die Homologation geforderten 400 Fahrzeuge, doch erwies sich dieser Plan im Hinblick auf die freien Kapazitäten bei BMW als zu ambitioniert. Also überlegte man, das Projekt extern zu vergeben. Die dabei favorisierte Zusammenarbeit mit Lamborghini scheiterte wegen unterschiedlichen Ansichten bezüglich der Qualitätskontrolle und der drohenden Insolvenz der Italiener. Zudem war der Fertigungsprozess mit mehreren Partnern auf verschiedenen Kontinenten aufwendig und langwierig; als BMW endlich startklar war, hatten sich die Anforderungen für die Homologation der Rennsportgruppe 5 so verändert, dass BMW nun zwar ein Fahrzeug hatte, allerdings auf der Grundlage eines nicht mehr geltenden Regelwerks.

Ein Renner ohne Rennserie machte keinen Sinn, und so entschied man sich bei BMW für eine eigene Meisterschaftsserie: Man nannte sie Procar und platzierte sie im Rahmenprogramm der Königsklasse des automobilen Rennsports, der Formel 1. Rennsportlegenden wie Niki Lauda und Nelson Piquet gewannen sowohl 1979 als auch 1980 Titel, dennoch produzierte der M1 immer wieder aufgrund von Motorproblemen Negativschlagzeilen. Der M1 nahm zwischen 1980 und 1986 immer wieder an den 24 Stunden von Le Mans teil, allerdings erwies er sich in diesem Feld hochgradig wettbewerbsfähiger Fahrzeuge als überholt.

Die Straßenversion des BMW M1 war zu seiner Zeit mit etwa 100.000 DM oder 55.000 $ bereits sehr teuer, und so wurden lediglich 399 Straßenmaschinen und 54 Rennsportmodelle gebaut. Spätere BMW-Modelle wie der E28 M5 und der M635SCi erbten seinen Sechszylindermotor und sollten davon profitieren. Wie bei so vielen Dingen im Leben, wächst die Liebe in den Sammlerherzen mit der Entfernung; heute erzielen die wenigen Fahrzeuge durch das gestiegene Interesse am M1 mittlerweile stolze Preise.

RENAISSANCE IN DEN ACHTZIGERN
LOTUS ESPRIT TURBO

Von allen Keilen auf vier Rädern, die das Supercar-Universum bereicherten, dürfte der Lotus Esprit am wenigsten zu erwarten gewesen sein. Der britische Hersteller Lotus hatte wegen seiner unzähligen Innovationen in der Welt der Formel 1 zwar ein gutes Standing, doch startete der Esprit seine Karriere 1976 als kleines, dürftig motorisiertes Vierzylinder-Auto ohne Supercar-Potenzial. Erst mit der späteren Turbolader-Version der Serie 2 im Jahr 1980 konnte sich der Esprit als ernst zu nehmender Konkurrent gegen größere, wildere und leistungsfähigere Mitbewerber behaupten.

Der Schlüssel zum Erfolg des David im Kampf gegen Goliaths war sein hervorragendes Leistungsgewicht, das die Vorteile seiner geringen Größe voll ausschöpfte und agiles Handling sowie rasante Beschleunigung ermöglichte. Der kleine, mit Doppelvergasern und Garrett T 3 Hochdruck-Turbolader aufgerüstete 2,2-Liter-Vierzylindermotor leistete 210 PS und hing vorzüglich am Gas; er war ähnlich schnell unterwegs wie manche Ferrari. Spätere Versionen hatten genug Power, um der extrem exotischen und hochpreisigen Konkurrenz aus Italien das Fürchten zu lehren.

Der kleine Turbomotor, der im Motorraum der von Giugiaro entworfenen Karosserie seine Dienst tat, entwickelte sich schnell zum Markenzeichen des Esprit, und erreichte seinen Zenit 1995 mit 302 PS in der Version Sport 300; die letzte Generation des Esprit zeichnete sich durch einen Bi-Turbo-3,5-Liter-Achtzylindermotor mit 264 PS aus. Die zusätzliche Leistung und höhere Zuverlässigkeit der S4-Modelle waren gut für die Nachfrage, aber die frühen Vierzylinder-Turbolader-Versionen erfahren nach wie vor große Wertschätzung bei vielen Enthusiasten, die insbesondere das „folded paper"-Design und die minimalistische Anmutung loben.

BLINKLICHT

Der Lotus Chassis-„Guru" Roger Becker sprang während der Dreharbeiten zum Bond-Film „Der Spion der mich liebte" ein, um den Esprit der Serie 1 zu fahren. Stunt-Fahrer schafften es nicht, den Wagen nicht so bewegen, wie es am Set erwünscht war.

RÜCKSPIEGEL

Der Esprit erlangte weltweite Berühmtheit, als 1977 ein Auto der Serie 1 im Film „Der Spion der mich liebte" gezeigt wurde: Es war der Bond-Film, in dem sich das Auto in ein U-Boot verwandeln sollte. Das weiße Auto der Serie 1 wurde 2013 vom Raketen- und Elektroauto-Unternehmer Elon Musk erworben. 1981 spielte ein Esprit Turbo im Bond-Film „In tödlicher Mission" mit.

SCHLÜSSELFIGUR

Lotus-Firmengründer Colin Chapman war ein entschiedener Verfechter der Philosophie, „Dinge zu vereinfachen und leichter zu machen". Diese Maxime machte sich beim Lotus Esprit bezahlt, der eine lange Produktionslaufzeit von 1976 bis 2004 erlebte.

CARROLL SHELBY

Obgleich Carroll Shelby für seine Arbeit in der Welt des Rennsports und der Muscle Cars Berühmtheit erlangt hat, verwiesen bereits seine früheren beruflichen Tätigkeiten als Mitarbeiter auf einem Ölbohrturm und Hühnerzüchter auf Persönlichkeitsmerkmale, die seine bahnbrechenden Erfolge in seinem späteren Leben erklären.

Shelbys fahrerisches Engagement begann mit winzigen Rennern der Marke Allard und führte ihn in den 1950er-Jahren über Aston Martin bis zum Maserati-Werksteam. Trotz seiner Erfolge in Bonneville und Le Mans musste er aufgrund schwerer Herzprobleme seine Rennfahrerkarriere aufgeben, sodass er sich schließlich in der Rolle des Gründers von Shelby-American wiederfand.

Er wurde zu einer Supercar-Legende, als er den britischen AC Ace mit amerikanischen Achtzylindermotoren ausstattete und so den berühmten Shelby Cobra baute. In Zusammenarbeit mit dem Designer Pete Brock konzipierte Shelby das Shelby Daytona Cobra Coupé, von dem lediglich fünf Exemplare gebaut wurden. Die Rennerfolge und die Seltenheit dieser Fahrzeuge haben ihren Wert astronomisch ansteigen lassen.

Eine von Shelbys denkwürdigen Kooperationen war die Zusammenarbeit mit Ford bei der Entwicklung des Ford GT Rennwagens. Der Ford GT erzielte bei den 24 Stunden von Le Mans 1966 ein umwerfendes 1-2-3-Finish und besiegte den Erzrivalen Ferrari.

Shelby arbeitete später mit Ford an legendären Sondermodellen wie dem Ford GT 350R oder dem GT 500 KR zusammen. Er wagte sich mit der Serie 1 an einen eigenen Sportwagen, aber größte Anerkennung gewannen die Autos, die er mit seinem Wissen und Können so austüftelte, dass sie als Hochleistungsmaschinen die furchterregendste Konkurrenz weltweit in die Schranken verweisen konnten.

GLOSSAR

DROSSELKLAPPENREAKTION/FAHRZEUGANSPRECHVERHALTEN: Ein Maß für die Reaktionsfähigkeit eines Motors bei der Gasannahme; es geht also darum, wie schnell die Antriebsmaschine eines Fahrzeugs seine Leistungsabgabe als Reaktion auf die Anforderung eines Fahrers nach Beschleunigung erhöhen kann. In Supercars oder anderen Hochleistungsfahrzeugen ist ein lineares Verhältnis zwischen Gaszufuhr und Motorleistung erwünscht.

FIBERGLAS/GLASFASER: Ein plattenförmiges Material auf Basis einer Kunststoffmatrix. Glasfaser ist schwächer als Kohlefaser, allerdings auch preisgünstiger. Glasfaser ergänzte beim Autobau oft ungewöhnliche andere Materialien.

GM HYDRAMATIC: Ein in Amerika sehr beliebtes Getriebe, das 1939 von General Motors entwickelt wurde. Das Hydramatic-Getriebe war nicht nur das erste Automatikgetriebe für den Massenmarkt, es war auch besonders langlebig: Bis in die 1990er-Jahre wurden Hydramatic-Getriebe noch verbaut.

GRUPPE B: Die Gruppe B wurde 1982 von der Federation Internationale de l'Automobile (FIA) ins Leben gerufen. Es war eine Rennsportklasse, deren Regelwerk einen nahezu schrankenlosen Einsatz extrem motorisierter Rallye-Fahrzeuge erlaubte. Viele schwere Unfälle, häufig mit Todesfolge, führten dazu, dass die sensationell spannenden, aber sehr gefährlichen Rennen der Gruppe B beendet und dieses Klassement aufgelöst wurde.

KARBONFASER/KOHLEFASER: Ein starker, leichter Werkstoff, der beim Bau von Hochleistungsautomobilen verwendet wird. Karbon ist bis zu fünf Mal stärker als Stahl, beansprucht aber einen arbeitsintensiven Verbindungs- und Härteprozess, um eine einwandfreie strukturelle Beschaffenheit zu gewährleisten. Kohlefasern wurden zuerst in der Raumfahrtindustrie genutzt, später dann allerdings rasch im Rennsport adaptiert. Mittlerweile werden Kohlefasern auch bei ganz normalen Automobilen eingesetzt.

LEISTUNGSGEWICHT: Eine Maßeinheit – üblicherweise PS zu Masse des Fahrzeugs – die das Leistungspotenzial eines Fahrzeugs angibt. Sie basiert auf dem Verhältnis zwischen Motorleistung und gesamter Fahrzeugmasse. Ein effektives Leistungsgewicht führt zu guten Fahrleistungen und verringert die erforderliche Motorleistung, da ein leichtes Fahrzeug weniger Leistung zur Fortbewegung benötigt.

TECHNOLOGISCHE (R)EVOLUTION

Motorkonfiguration
Kohlefaser
Turbolader
Carbon-Keramik-Bremsen
Traktionskontrolle
Aktive Aerodynamik
Hybridantrieb
Hochleistungsreifen
Gian Paolo Dallara
Glossar

TECHNOLOGISCHE (R)EVOLUTION
MOTORKONFIGURATION

Wie elaboriert seine Formgebung auch sein mag – Herz und Seele eines Supercar wird stets sein Motor sein. Letzten Endes ist es die Antriebskraft, die den Supercar aus der Masse der gewöhnlichen Fahrzeuge heraushebt. Ohne die überschießende Kraft seines Triebwerks wäre ein Supercar bloß eine hübsche Hülle ohne Inhalt.

Es gibt viele Möglichkeiten, ein Triebwerk zu konzipieren, doch am wichtigsten sind Zylinderzahl und Konfiguration. Zwar gibt es einige Fahrzeuge mit weniger als acht Zylindern (der Jaguar XJ 220 oder der Ford GT mit sechs Zylindern, der Lotus Esprit mit sogar nur vier Zylindern), die unstreitig Supercar-Status beanspruchen können, doch die überwältigende Mehrheit der Supercars weist – zumal historisch betrachtet – erheblich mehr Zylinder auf. Ob es am „Gesetz der großen Zahl" liegt oder an dem funktionalen Zusammenhang, dass mehr Zylinder (in der Regel) auch mehr Leistung bedeuten: Supercars sind ganz überwiegend mit einer ungewöhnlich hohen Anzahl an Zylindern ausgestattet. Das bedeutet nicht, dass ein Auto mit weniger als zwölf Zylindern kein legitimer Supercar kein kann, aber die „mystische" Zahl der Zylinder kann das Kriterium sein, das aus einem starken Auto ein Supercar macht.

Ein weiterer wichtiger Faktor neben der Anzahl der Zylinder ist ihre Anordnung oder Konfiguration. Ein Achtzylinder-Reihenmotor verfügt beispielsweise über acht Zylinder, die in einer Reihe nebeneinander angeordnet sind, während bei einer „V"-Anordnung die Zylinder auf zwei Zylinderbänken V-förmig in einer 60°- oder 90°-Anordnung positioniert sind (V-8, V-12 Motoren usw.). Beim sogenannten Boxer-Motor liegen die Zylinder üblicherweise auf Zylinderbänken einander horizontal gegenüber (etwa beim Sechszylinder-Boxermotor des Porsche 911 oder dem Zwölfzylinder des Ferrari Testarossa). Beim „W"-Arrangement hingegen werden entweder („klassischer W-Motor") drei Zylinderbänke mit gleichen Öffnungswinkeln oder aber („unechter" W-Motor oder Doppel-V-Motor) vier Zylinderreihen mit unterschiedlichen Öffnungswinkeln verwendet, um den Motor kompakt zu gestalten (wie beim W 16-Motor des Bugatti Chiron).

Neben praktischen Erwägungen bestimmen die Zahl und Anordnung der Zylinder die Charakteristik der Kraftentfaltung eines Motors – für viele Enthusiasten die eigentliche Seele eines Triebwerks. V-8-Motoren beispielsweise werden für ihr charakteristisches „Grollen" oder „Blubbern" und ihr niedriges Drehmoment geliebt, wogegen V-12-Motoren aufgrund ihrer seidenweichen Kraftentfaltung und verblüffenden Laufruhe verehrt werden.

BLINKLICHT

In den frühen Rennwagen wurden Reihen-Achtzylindermotoren eingesetzt, doch diese litten unter großen Problemen mit der Kurbelwelle. Bei hohen Drehzahlen verzog sich mitunter die Kurbelwelle und konnte so katastrophale Motorschäden verursachen.

RÜCKSPIEGEL

Das Aufkommen neuer Hochleistungs-Hybridantriebe veränderte auch die Bedeutung von hohen Zylinderzahlen und Turboladern für die Etikettierung „Supercar": Der Ford GT war 2016 zum Beispiel mit einem leichten Sechszylinder-Turbolader-Motor bestückt, der völlig ausreichte, um ihn in Le Mans als erster seiner Klasse ins Ziel fliegen zu lassen.

SCHLÜSSELFIGUR

David E. Davis, Gründer der amerikanischen Autozeitschrift „Automobile" postulierte einmal „Ich bin fest davon überzeugt, dass Jeder, der etwas taugt, einen Zwölfzylinder-Wagen besitzen sollte, ehe er stirbt. Es gibt einfach nichts Vergleichbares."

TECHNOLOGISCHE (R)EVOLUTION
KOHLEFASER

BLINKLICHT

In den Neunziger Jahren benötigten Techniker an die viertausend Stunden, um das Monocoque des McLaren F1 zusammenzubauen – dank schlanker Produktionsprozesse benötigt man heute nur noch vier Stunden.

RÜCKSPIEGEL

Es dauerte jahrelang, ehe sich die Kohlefaser im Supercar-Segment durchsetzen konnte, und es vergingen noch einmal Jahrzehnte, ehe sie bei Serienmodellen für die Straße Eingang fand. Nachdem ein vereinfachter Fertigungsprozess die Kosten hat sinken lassen, hat BMW mittlerweile massiv in Kohlefaserverbundstoffe für seine Elektro- und die Plug-in Hybridfahrzeuge der „i"-Reihe investiert.

SCHLÜSSELFIGUR

Horacio Paganis Arbeit bei Lamborghini legte den Grundstein für seine Unternehmerkarriere; es war allerdings Lamborghinis Zurückhaltung beim Einsatz von Kohlefasertechnik, die dazu führte, dass Pagani das Unternehmen verließ, um seine eigene Firma zu gründen.

Konstruktionen aus Kohlefaser veränderten die Welt der Supercars auf dramatische Weise, aber der Wandel kam nicht über Nacht. Die Kohlefasertechnologie wurde dem Rennsport entlehnt, wo das leichte und starke Material bereits zuvor mit verbessertem Handling, höheren Geschwindigkeiten und sehr viel besserem Unfallschutz den Motorsport revolutioniert hatte.

Es dauerte ungefähr ein Jahrzehnt, ehe sich die Kohlefaser etabliert hatte: Der erste Rennwagen mit Kohlefaserchassis war der McLaren MP4/1, der während der Jahre 1981 bis 1983 eingesetzt wurde. Passend dazu war der erste Straßen-Serienwagen mit einem Kohlefaserchassis McLarens Modell F1. Der F1 wurde von 1992 bis 1998 produziert und hatte ein Kohlefaser-Monocoque. Er war mit seinem Gewicht von knapp 1.250 Kilogramm erstaunlich leicht und wog in etwa so viel wie ein Mazda MX5.

Der Mercedes-Benz SLR (2003–2010) wurde gemeinsam mit McLaren entwickelt und hatte ebenfalls ein Kohlefaser-Chassis, aber seine fast zwei Tonnen Leergewicht widersprachen im Ergebnis der Idee vom Einsatz leichtgewichtiger Materialien. Während Ferraris erster Straßenwagen aus Kohlefaser der F40 (1987–1992) war, verbanden Edelschmieden wie Koenigsegg oder Pagani die Kohlefaser mit hybriden Fertigungstechniken und flochten sogar noch andere leichte Materialien wie Titanstränge in die Kohlefasermatrix mit ein.

Lamborghini stieß erst spät zur Kohlefaser-Party dazu, was teilweise darin begründet lag, dass der Ingenieur Horatio Pagani, der leidenschaftlicher Anhänger der Kohlefasertechnologie war, das Unternehmen verließ, um seine eigene Firma zu gründen. Obwohl bereits bei der Lamborghini-Konzeptstudie Countach Evoluzione Kohlefaser-verstärkte Plastikkomponenten zum Einsatz kamen und so fast 500 Kilogramm Gewicht einsparten, wurde das Material aus Kostengründen aufgegeben. Erst für spätere Modelle wurde eine kostengünstigere Lösung gefunden.

McLarens gesamte Modellpalette greift heute auf Kohlefaser zurück; Ferrari dagegen setzt dieses Material nur bei seinen exklusivsten Modellen ein – so wie zuletzt beim LaFerrari. Lamborghini sitzt mit einer eigenen Produktionsstätte für Verbundwerkstoffe und einem amerikanischen Forschungslabor in Seattle, Washington, ebenfalls fest im Kohlefaser-Sattel.

TECHNOLOGISCHE (R)EVOLUTION
TURBOLADER

Die Leistung eines Motors lässt sich erhöhen, indem mehr Luft in die Verbrennungskammern gepresst wird. Durch einen Turbolader oder Kompressor wird die Luft dem Motor unter höherem Druck zugeführt; dadurch werden mehr Leistung und ein höheres Drehmoment möglich, sodass weniger Zylinder benötigt werden und auch mit geringerem Hubraum viel Leistung erzielt werden kann.

Innerhalb der Supercar-Gemeinschaft ist Luftkompression allerdings nicht unumstritten. Das Verfahren entstammt ursprünglich der Luftfahrt, weil das Einpressen von mehr Luft in die Brennkammer gerade in großer Höhe die Leistung (bei niedriger Luftdichte) unterstützt. Rennfahrzeuge mit Kompressor, wie zum Beispiel die furchterregenden Silberpfeile von Mercedes-Benz aus den 1930er-Jahren, lieferten atemberaubende Leistungen. Fortschritte in der Metallurgie und im Motordesign ermöglichten es später, auch ohne künstliche Verdichtung der Luft die Motorleistung signifikant zu steigern, sodass in den 1960er-Jahren der Saugmotor alltäglich wurde.

Frühere Supersportwagen kamen ohne Turbolader oder Kompressoren aus, doch gewannen diese Technologien an Bedeutung, als sie im automobilen Rennsport üblich wurden. Zu Beginn der 1980er-Jahre gab es Rallye-Fahrzeuge der Gruppe B mit Turbolader, die aufregende (und mitunter todbringende) Leistungswerte aufwiesen, sowie Rennboliden der Formel 1, die die Marke von 1.000 PS überschritten. Es war unvermeidlich, dass sich die Technologie, die die spektakuläre Leistung der Rennfahrzeuge ermöglichte, früher oder später auch in Straßenfahrzeugen wiederfinden würde. Eines der einflussreichsten, legendären Autos mit Turboladern war der Ferrari F 40, dessen V8-Motor mit Twin-Turbo es auf 471 PS brachte – schwindelerregend im Jahr 1987!

In den 1970er- und stärker noch in den 1980er-Jahren wurden in den Supercars zunehmend Turbolader verbaut, oftmals als das Tüpfelchen auf dem „i" einer ohnehin schon exzessiven Motorisierung, wie bei Bugattis Sechzehn-Zylindermaschinen Veyron und Chiron, die mit vier Turbos auftrumpfen. Gewaltige Turbolader-Motoren treiben alles von Pagani bis zu Koenigsegg an, und 2014 brach sogar Ferrari mit seiner zwanzigjährigen Abstinenz von Turboladern und griff den Trend für einen Großteil seiner Modellpalette wieder auf. Gibt es eine Ausnahme? Lamborghini! Bis zur Markteinführung des Urus SUV (mit Twin Turbo) hielt man dort an seinen Kanonen mit Saugmotor fest.

BLINKLICHT

Die markanten, pfeifenden und surrenden Geräusche eines Turboladers werden in Autos der Massenproduktion üblicherweise kaschiert, sind aber in den Supercars oftmals ungefiltert (und sogar verstärkt), damit sie das Auto rau und charakterstark klingen lassen.

RÜCKSPIEGEL

Für die Neuauflage des Acura NSX zu Beginn des 21. Jahrhunderts war ursprünglich ein Saugmotor geplant; doch als der japanische Autobauer erkannte, dass bei Supercars vermehrt auf Turbolader und Hybridantriebe gesetzt wurde, entschied er sich, seinen NSX mit einem Bi-Turbolader-V6-Motor auszurüsten.

SCHLÜSSELFIGUR

Zwar unterliegt der Einsatz von Turboladern gewissen „Moden" in der Motorkonstruktion, doch seine Technologie wurde vor über hundert Jahren 1905 von dem Schweizer Ingenieur Alfred Büchi erdacht.

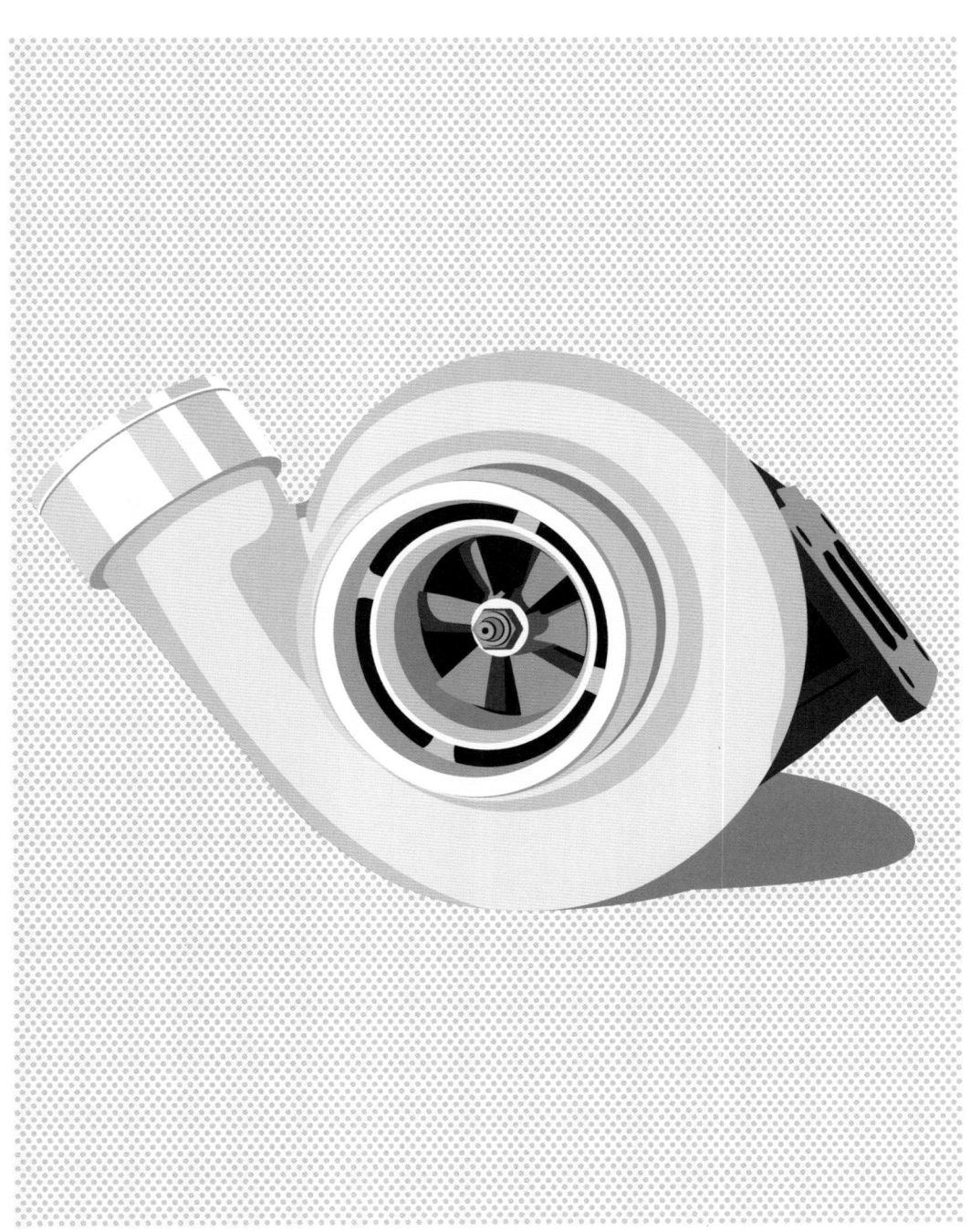

TECHNOLOGISCHE (R)EVOLUTION
CARBON-KERAMIK-BREMSEN

BLINKLICHT

Carbon-Keramik-Bremsen funktionieren am besten bei hohen Betriebstemperaturen ab 500 Grad Celsius aufwärts. Unter normalen Fahrbedingungen sind sie extrem haltbar und müssen kaum einmal ausgewechselt werden.

RÜCKSPIEGEL

Obwohl in der Formel 1 ausschließlich Carbon-Keramik-Rotoren verwendet wurden, bleiben die preisgünstigeren Stahlrotoren in den meisten Langstreckenrennen (einschließlich der zermürbenden 24 Stunden von Le Mans) für Serienfahrzeuge der Standard.

SCHLÜSSELFIGUR

Auf der Suche nach Wettbewerbsvorteilen in der Formel 1 stieß der technische Leiter des Brabham-Rennteams, Gordon Murray, auf aus dem Flugzeugbau abgeleitete Carbon-Keramik-Bremsen, die Brabham ab 1979 einsetzte. Murray entwickelte später den revolutionären McLaren F1.

Das Verlangsamen ist das weniger glamouröse Gegenstück des schnellen Fahrens. Während Bremsen von Anfang an eine wichtige Komponente im Automobil waren, hat ihre Bremskraft nicht immer mit der Beschleunigung Schritt gehalten.

Frühe Bremsen wiesen dürftige Eigenschaften auf. Dennoch währte die Vorherrschaft der relativ schwachen Trommelbremsen jahrzehntelang, bis Jaguar 1953 bei den 24 Stunden von Le Mans mit Scheibenbremsen an seinen Fahrzeugen antrat und damit den Bann brach.

Scheibenbremsen mit Bremsrotoren aus Stahl wurden im Laufe der 1950er-Jahre für hoch motorisierte Fahrzeuge üblich, und auch dieser Trend hielt Jahrzehnte an. Innovationen aus der Luftfahrt – hier im Speziellen aus der militärischen Luftfahrt – verbreiteten sich schließlich auch in der zivilen Luftfahrt. Carbon-Bremsrotoren wurden erstmals 1976 bei der Concorde montiert, andere Carbon-Keramik-Varianten wurden später im französischen Hochgeschwindigkeitszug TGV eingesetzt.

Carbon-Keramik-Bremsen (CCBs) funktionieren nach demselben Prinzip wie Stahlbremsen, doch wird eine Beschichtung aus Keramik- und Kohlefasersträngen eingesetzt, um die Wärmeableitung beim Bremsvorgang zu verbessern. Die bessere Kühlung verringert das Nachlassen der Bremswirkung (Fading), die dann eintritt, wenn häufig harte Bremsvorgänge oder wiederholte Stopps durchgeführt werden. Carbon-Keramik-Bremsen bringen zudem bis zu 50 % weniger Gewicht als Stahl-Scheibenbremsen auf die Waage, was von Vorteil für die Fahrdynamik ist, da sie Teil der ungefederten Masse (Komponenten einschließlich Federung und Räder) eines Fahrzeugs sind. Das geringere Gewicht der Bremsen reduziert darüber hinaus die Rotationsträgheit und erleichtert das Handling.

Trotz all dieser Vorzüge gaben Carbon-Keramik-Bremsen erst 1979 mit dem Brabham-Team ihr Debut in der Formel 1. 2001 schließlich fanden sie mit dem Porsche 911 GT2 Eingang in das Segment der Straßenfahrzeuge. Frühe Modelle hatten ein schwammiges Ansprechverhalten und hielten ihr Versprechen, unverwüstlich zu sein, nicht ganz ein, doch entwickelte sich die Technologie rasch zu überzeugenden Eigenschaften weiter.

Fast jeder moderne Supercar ist heute mit Carbon-Keramik-Bremsen ausgestattet. Ihr Preis allerdings bleibt eine Herausforderung: Bei manchen Marken wie Ferrari sind Carbon-Keramik-Bremsen Teil der Serienausstattung, anderswo aber muss man noch einmal zwischen 7.000 und 12.000 Euro berappen, um das Fahrzeug mit diesen Bremsen aufzurüsten.

TECHNOLOGISCHE (R)EVOLUTION
TRAKTIONSKONTROLLE

BLINKLICHT

Die Beschleunigung von null auf hundert in kürzester Zeit ist ein wichtiger Leistungsmaßstab für Supercars. Für „Normalfahrer" wurde es leichter, rasch zu beschleunigen, als Traktionskontrollsysteme für den Startmodus verwendet wurden. Der kritische Moment des Anfahrens, wenn das Auto aus dem Stand beschleunigt, wird durch die Traktionskontrolle optimiert.

RÜCKSPIEGEL

Obwohl die Traktionskontrolle in den Vereinigten Staaten nie gesetzlich vorgeschrieben wurde, spielt sie doch eine Schlüsselrolle für die komplexen Abläufe bei der Stabilitätskontrolle, die 2012 gesetzlich verordnet wurde.

SCHLÜSSELFIGUR

Der Schutzheilige der Traktionskontrolle ist vermutlich Robert Bosch. Das von dem deutschen Ingenieur und Erfinder gegründete Unternehmen entwickelte die Traktionskontrolle, das Antiblockiersystem und die Stabilitätskontrolle.

Kraft, so das Klischee, ist nichts ohne Kontrolle. Im Königreich der Supercars ist diese Aussage absolut berechtigt. Die Einführung der Traktionskontrolle wurde dort allerdings kontrovers diskutiert, und nicht überall war das Kontrollsystem ein willkommener Fortschritt.

Traktionskontrolle ist eine Technologie, die dafür sorgt, dass beim Auto die Räder nicht durchdrehen, weil sie zu wenig Haftung auf der Straße haben. Die Traktionskontrolle reduziert bei Bedarf die Antriebsleistung und kann selbsttätig selektiv die Bremsen betätigen. Obwohl sie ihren Ursprung in der Formel 1 der 1980er-Jahre hatte, wurde die Technologie dort 1994 verboten, in 2001 wieder zugelassen und 2008 erneut aus den Boliden der Königsklasse verbannt.

Serienfahrzeuge hatten bis zum Ende der 1980er-Jahre überwiegend keine Traktionskontrolle, und auch bei den Supercars setzte sich die Traktionskontrolle nur sehr langsam durch. Ein letztes Überbleibsel dieser Zeit war der Ford GT von 2005, dessen 550 PS starker Mittelmotor mit Turbolader und Hinterradantrieb sicherlich ein elektronisches Interventionssystem hätte brauchen können. Warum nur dieser Widerstand? Die Traktionskontrolle (allen voran die primitiven frühen Systeme) hätte vermutlich das Image der Supercars als nur schwer zu bändigende Wildpferde untergraben. In der Macho-Welt der Supercar-Käufer war man geradezu stolz darauf, sein „wildes Biest" ausschließlich durch das eigene fahrerische Können zu zähmen.

Doch als die Traktionskontrolle immer ausgereifter wurde, fand diese Technologie auch Eingang in Supercars. Die elektronische Stabilitätskontrolle (ESP) war eine etwas elegantere Ableitung der Traktionskontrolle; sie wurde zu Beginn des Modelljahres 2012 in den Vereinigten Staaten gesetzlich vorgeschrieben.

Heute optimieren Traktionssysteme permanent die Kraftübertragung; hunderte Male je Sekunde überwachen sie die Rotation und Traktion der Räder und passen die Leistung nach Bedarf an. Obwohl ein völlig unverfälschtes Fahrgefühl theoretisch ohne elektronische Eingriffe wie Traktionskontrolle, Stabilitätskontrolle oder ABS auskommt, sind die meisten modernen elektronischen Systeme so weit entwickelt, dass sie die Fertigkeiten des Fahrers jederzeit – und besonders in extremen Situationen – vervollkommnen.

TECHNOLOGISCHE (R)EVOLUTION
AKTIVE AERODYNAMIK

BLINKLICHT

Der Geschwindigkeitsrekord auf der anspruchsvollen und berüchtigten Nürburgring-Nordschleife wurde 2017 mit einem Lamborghini Huracan LP 640-4 Performante gebrochen: Der Performante unterbot den zuvor gültigen Rekord eines Porsche 918 um volle fünf Sekunden bei deutlich weniger Leistung unter der Haube. Der Rekord wird unter anderem auch den ausgefeilten Active Aerodynamics des Huracan Performante zugeschrieben.

RÜCKSPIEGEL

Der erste straßenzugelassene Wagen mit Active Aerodynamics war 1986 der Porsche 959.

SCHLÜSSELFIGUR

Vielen der in Supercars eingearbeiteten aerodynamischen Optimierungen bereiteten zwei Rennsportpersönlichkeiten den Weg: der Texaner Jim Hall, dessen Chapparal-Rennwagen während der Zeit von 1963 bis 1970 Vorreiter für Abtriebs-Management waren, sowie Colin Chapman, dessen Designer Peter Wright den Formel 1-Renner Lotus 79 entwickelte, der 1978 die Bodeneffekte revolutionierte.

Die Aerodynamik und ihr Einfluss auf die Fahrzeugstabilität haben zu einer regelrechten Transformation des Autodesigns geführt, doch erst das Aufkommen von aktiven Komponenten ermöglichte es den Ingenieuren, das Management des Luftstroms und seiner Kraft zu optimieren.

Ziel der aktiven Aerodynamik (selbst Porsche verwendet mittlerweile den englischen Begriff active aerodynamics) ist es, eine Balance zwischen Abtrieb und Auftrieb zu finden. Der Begriff beschreibt Fahrzeugkomponenten, die ihre Form und/oder Position ändern, um das aerodynamische Profil des Fahrzeugs je nach Fahrsituation zu verändern und damit auch seine Abtriebs- und Auftriebseigenschaften. Wie so viele andere Innovationen stammt die Aktive Aerodynamik (oder active aeros) aus dem Motorsport. In den 1960er-Jahren wurden Autos gebaut, deren aerodynamische Ausstattung einen derartigen Anpressdruck erzeugte, dass Querlenker, Schürzen und andere Vorrichtungen mitunter zerschlagen wurden. Infolge dessen wurden manuell verstellbare aerodynamische Vorrichtungen eingeführt. Durch die Optimierung des Anstellwinkels des Fahrzeugflügels konnte zum Beispiel der Abtrieb des Autos variiert werden – mehr für bessere Bodenhaftung in Kurvenfahrten, und weniger für eine höhere Geschwindigkeit.

Als die physikalischen Zusammenhänge besser verstanden wurden, begannen Ingenieure und Aerodynamiker, Fahrzeugkarosserien als ganzheitliche Gebilde zu betrachten, und nutzten dies dazu, spezifische Fahrzeugbereiche auf hohen oder niedrigen Luftdruck auszulegen, je nachdem, welches Ziel erwünscht war. Bei den Lotus-Rennern der Formel 1 gelang es beispielsweise in den späten 1970er- und frühen 1980er-Jahren, einen guten Kompromiss zwischen Abtrieb und Luftwiderstand zu finden. Lotus verfeinerte die Aerodynamik auf eine Weise, die hohen Abtrieb ohne nachteilige Auswirkungen auf den Luftwiderstand ermöglichte. Später wurden Active Aerodynamics – also automatische, bewegliche Vorrichtungen, die das aerodynamische Profil eines Fahrzeugs veränderten – auch im Rennsport eingeführt, allerdings auch schnell wieder verboten. Straßenfahrzeuge waren von diesem Verbot ausgenommen, sodass sich Komponenten der Active Aerodynamics etablierten, die automatisch das aerodynamische Profil des Fahrzeugs veränderten (denken Sie etwa an die Heckspoiler, die bei vielen Fahrzeugen bei einer bestimmten Geschwindigkeit automatisch ausfahren).

Moderne Supercars verfügen heute über komplexe aerodynamische Systeme mit variablen Schürzen, Spoilern, Lufteinlässen und Klappen zur Umlenkung der Luftströmung. Die modernsten Systeme unter ihnen können heute schon die Luft wahlweise an der linken oder rechten Fahrzeugseite vorbeigleiten lassen, um die Kurveneigenschaften zu verbessern.

TECHNOLOGISCHE (R)EVOLUTION
HYBRIDANTRIEB

BLINKLICHT

Mit der zunehmenden Komplexität von hybriden Antrieben gehen neue Herausforderungen für das Packaging einher: Der Porsche 918 Spyder soll so mit elektronischen Modulen und Hochspannungskabeln vollgepackt sein, dass nicht einmal mehr ein Kartenspiel unter seine Haube passt.

RÜCKSPIEGEL

Die Ingenieure von Ferrari trafen beim LaFerrari eine weise Entscheidung: Statt den Motor zu einem V8 zu verkleinern, blieb man bei einem traditionellen Zwölfzylinder-V-Motor – vielleicht um zu unterstreichen, dass dieses Auto in keiner Weise ein Kompromiss war.

SCHLÜSSELFIGUR

Wenn es bei der Formel 1 um die Akzeptanz hybrider Antriebe ging, war der damalige FIA Präsident Max Mosley sofort ganz Ohr. Mosley war ein leidenschaftlicher Befürworter der Hybridtechnologie. Mosley ist längst zurückgetreten und der ehemalige Chef der Formel, Bernie Ecclestone, fordert sogar, Hybridtechnologie ganz aus der Formel 1 zu verbannen.

Hybride, die ihre Energie aus zwei kombinierten Antrieben beziehen, wurden einst als edelmütiges Konzept schadstoffarmer und energieeffizienter Fortbewegung ersonnen.

Während das erste Hybridfahrzeug aus dem Jahr 1899 stammt (ein von Ferdinand Porsche entwickeltes Modell, das erstmals 1903 zugelassen wurde), begann die Ära der modernen Hybridfahrzeuge doch erst 1995 mit dem Toyota Prius.

Der kommerzielle Erfolg des Prius veränderte den Automarkt durchaus dramatisch, doch wurde das Leistungspotenzial von Hybridantrieben erst 2013 vollständig bei der sogenannten heiligen Trinität der Supercars ausgereizt: Der Ferrari LaFerrari, der McLaren P1 und der Porsche 918 Spyder haben das hybride Paradigma mit ihrer überwältigenden Leistung und überdurchschnittlichen Effizienz in Anbetracht ihrer geradezu athletischen Kraft in etwas unerhört Aufregendes verwandelt. Obwohl dieses Trio – wie der bescheidene Prius auch – von Verbrennungsmotor und Elektromotor angetrieben wird, wurzelt ihre Philosophie doch im automobilen Exzess. Die elektronisch gesteuerte Symphonie von elektrischem Drehmoment und kreischenden, benzinbetriebenen Pferdestärken ermöglichen eine präzise Kraftübertragung, die die bekannten Schwachstellen im Leistungsband nahtlos schließt und ein permanentes, überschäumendes Leistungsangebot bereitstellt – das genaue Gegenteil der an Wirtschaftlichkeitsaspekten orientierten traditionellen Hybridfahrzeuge.

Dieser kompromisslose Ansatz ging mit der Umstellung der Formel 1 auf Hybridantriebe einher. Plötzlich konnte man kleine 1,6-Liter-Sechszylinder-Turbolader-Motoren mit einem kombinierten Energiespeicher- und Rückgewinnungssystem (das bei Bedarf zusätzliche Leistung bereithielt) bewundern. Die hybriden Fahrzeuge enttäuschten diejenigen Fans, die das Dröhnen der Achtzylindermotoren vermissten, doch zugleich gewannen sie viele PS-Enthusiasten für die Hybridtechnologie, die bis dahin als Teil der Propaganda von Ökos und Naturromantikern wahrgenommen worden war.

Der Hybrid-Trend hat sich mittlerweile auch bei Edelschmieden wie Koenigsegg durchgesetzt und dürfte auch die nächste Generation kostspieliger Supercars überdauern.

TECHNOLOGISCHE (R)EVOLUTION
HOCHLEISTUNGSREIFEN

BLINKLICHT

So furchterregend das „Chunking", das plötzliche Auswerfen von Reifenprofilblöcken, auch klingt, es ist in einigen Ultra-Hochleistungsreifen gewollt, wenn diese kurz vor dem Kollaps stehen. Durch das laute Geräusch und Vibrationen, die die Unwucht erzeugt, wird der Fahrer des Wagens vor der bevorstehenden Selbstzerstörung des Reifens gewarnt.

RÜCKSPIEGEL

Die sensationelle Endgeschwindigkeit von 431 Stundenkilometern, die der Bugatti Veyron im Jahr 2010 erreichte, wäre ohne eine außergewöhnliche Gummibereifung nicht möglich gewesen. Die von Michelin entwickelten Reifen hätten eine solche Höchstgeschwindigkeit aufgrund von Überhitzung nur fünfzehn Minuten lang ausgehalten.

SCHLÜSSELFIGUR

Charles Goodyear führte die Vulkanisation des Kautschuks 1844 in die Fertigung ein, und Robert Thompson meldete auf das Konzept eines pneumatischen Reifens im Jahr darauf ein Patent an. Es war allerdings John Boyd Dunlop, dem wir den ersten Gummireifen für die Praxis (1888) verdanken.

Alle Leistung dieser Welt ist nichts wert, wenn man sie nicht auf die Straße bringen kann. Supercars – egal wie überbordend ihre Motorkraft auch sei – erfordern deshalb Reifen auf neuestem Stand der Technik, um ihr Leistungspotenzial voll auszuschöpfen. Die PS-Stärken der Supercars haben sich während der letzten drei Jahrzehnte mehr als verdoppelt – in manchen Fällen überschreiten sie sogar die Marke von 1.000 PS – sodass die dünnen Gummihüllen ihrer rasant rotierenden Räder extremen Belastungen ausgesetzt sind.

Es ist allerdings nicht nur die Vorwärtsbewegung, die den Reifen zu schaffen macht: Mit Geschwindigkeiten von über 320 Stundenkilometern, mehrfacher G-Kraft-Belastung in den Kurven und einer Bremskraft, die Flugzeuge stoppen könnte, müssen die Reifen extremen Belastungen aus allen Richtungen trotzen und dazu noch die Geräusch-, Komfort- und Effizienznormen der Hersteller einhalten.

Die Basisfunktion eines Reifens ist seit den Kindertagen des Automobils dieselbe geblieben, doch haben die rasanten Leistungssteigerungen zu großen Fortschritten bei der Konstruktion der Reifenwände, dem Reifenprofil und der Gummimischung geführt. Die Entwicklungen aus dem Motorsport haben dabei geholfen, die Reifentechnologie voranzubringen, doch sind die Anforderungen für straßentaugliche Fahrzeuge bei weitem größer als die fokussierten Anforderungen der Rennstrecke. Zunächst einmal werden in der Königsklasse des Rennsports, der Formel 1, Reifen in drei Kategorien eingeteilt: Es gibt Reifen für nasse, trockene und gemischte Witterungs- und Straßenverhältnisse. Alleine die „trockene" Kategorie wird in sieben Spezifikationen aufgeteilt (diese reichen von sehr weichen bis hin zu sehr harten Reifen), die wiederum abhängig von den Temperaturbedingungen sind. Durch die Kombination von weiteren drei differenzierenden Eigenschaften innerhalb jeder Kategorie sind Rennreifen in der Lage, hervorragende Ergebnisse in jedem Schwerpunktbereich zu erzielen.

Im Gegensatz dazu müssen Straßenreifen, insbesondere innerhalb des stark leistungsorientierten Segments der Supercars, außergewöhnliche Leistungen unter ganz verschiedenen Rahmenbedingungen (Witterung, Beladung, Straßenbelag) erbringen können. Ersatzreifen lassen sich aus Gewichts- und Platzgründen kaum noch unterbringen, sodass die Reifenhersteller sogenannte Run-Flat Lösungen anbieten, bei denen das Fahrzeug im Falle eines Lochs im Reifen oder eines katastrophalen Druckverlusts trotzdem sicher beherrschbar bleibt.

GIAN PAOLO DALLARA

Gian Paolo Dallara ist ein einzigartiger Impressario, dessen Arbeit die Automobilindustrie von den Anfängen der Supercars bis in die heutige Zeit geprägt hat. Er begann seine Karriere 1960 bei der Scuderia, Ferraris Rennsportabteilung. Dallara brachte dem für seine Unbeirrbarkeit berüchtigten Enzo Ferrari den Windkanal nahe, wo die Grand-Prix-Autos der Marke Ferrari aerodynamisch optimiert wurden. Nach einem Aufenthalt bei Maserati, wo er am Maserati Birdcage und am Cooper-Maserati mitarbeitete, ging Dallara 1963 zu Lamborghini. Dort leitete er ein Team von Ingenieuren bei der Konzeption und Umsetzung des Miura, des 350 GT und des Espada.

Dallaras spätere Arbeit für Alejandro DeTomaso führte zu einem innovativen Chassis für die Formel 2 sowie zu einem Projektfahrzeug für die Formel 1, das mit der Unterstützung von Frank Williams später von Jackie Ickx und Piers Courage gefahren werden sollte. Erst mit der Gründung seines gleichnamigen eigenen Unternehmens im Jahr 1972 stieg Dallara als eigenständige Kraft in den automobilen Rennsport ein und entwickelte eine ganze Reihe von Fahrzeugen für die unterschiedlichsten Leistungsstufen des Formelsports. Das Unternehmen erlebte mehrfach Höhen und Tiefen, darunter auch mehrere abgebrochene hochkarätige Formel 1 Projekte, doch machten sich Dallaras Investitionen in seine High-Tech-Firmenausstattung (darunter mehrere moderne Rennsimulatoren und Windkanäle) letztlich für sein späteres lukratives Consulting-Geschäft bezahlt. Er bot seine Dienstleistungen unter anderem für die Entwicklung solcher Supercars und Rennboliden wie den McLaren MC12, den Bugatti Veyron, den Audi R8 LMP und den Lamborghini Huracan GT3 an. Sein Wissen ermutigte Dallara dazu, einen eigenen Supercar in Kleinserie zu entwickeln – ein Projekt, das 2013 auf der Taufe gehoben wurde.

Gian Paolo Dallaras Arbeit umspannt mehrere Jahrzehnte und hat unzählige innovative Projekte maßgeblich beeinflusst, die ihrerseits dazu beitrugen, die Entwicklung der Supercars voranzutreiben. Dallara ist noch immer in einer Branche präsent, die für ihre Launen und wechselhaften Herangehensweisen bekannt ist. Er hat enormes Durchhaltevermögen bewiesen, das sich vielleicht aus seiner ungewöhnlichen Kombination von zukunftsweisendem Ingenieursgeist und unternehmerischem Fleiß speist.

GLOSSAR

ANTIBLOCKIERSYSTEM (ABS): Bremssystem, das mit modulierten Impulsen zwischen fünfzehn und dreißig Mal je Sekunde die Bremsen kontrolliert, um das Fahrzeug unter Kontrolle zu halten und ein Blockieren der Räder bei harten Bremsmanövern zu vermeiden.

BOXERMOTOR: Eine Motorbauart, bei der die Zylinder in einer flachen Konfiguration einander gegenüber liegen.

CARBON-KERAMIK-BREMSEN: Bremsentyp, bei dem Harz mit einem Verbund aus Silizium und Kohlenstoff verschmolzen wird und zu einem Diamant-ähnlichen Siliziumkarbid-Material aushärtet. Das Ergebnis ist ein hoch spezialisierter, leichter Bremsrotor, der extreme Temperaturen aushalten und diese auch ableiten kann. Das macht ihn ideal für Bremsen mit Hochleistungsbeanspruchung.

FEINPROFILIERUNG EINES REIFENS/SIPING: Dünne Rillen zwischen den Profilblöcken, die die Traktion auf nasser, sandiger oder schneebedeckter Oberfläche verbessern.

HYBRIDANTRIEB: Eine Motorkonfiguration, die mehr als einen Treibwerkstyp umfasst, oftmals eine Kombination aus Verbrennungs- und Elektromotor.

KOHLEFASERVERSTÄRKTER KUNSTSTOFF CFK: CFK, auch bekannt unter dem Namen kohlefaserverstärktes Polymer, ist ein starkes und leichtes Material, das bis zu einem Fünftel so leicht sein kann wie ein ebenso starkes Bauteil aus Stahl.

KOMPRESSOR: mechanischer Lader zur Verdichtung der Luft, die in einem Verbrennungsmotor benötigt wird; die Kompressor-Turbine wird direkt vom Motor angetrieben.

MONOCOQUE: Eine Fahrzeugkonstruktion, bei der Chassis und Rahmen einen starken Einheitskorpus bilden.

MOTORKONFIGURATION: Layout und Anzahl der Zylinder, die die Konstruktion und Proportionen eines Motors bestimmen. Es gibt u.a. V-Twin-Motoren, Achtzylinder-Reihenmotoren, Sechszylinder-Boxermotoren.

PROFILBLOCK: Abschnitte aus Gummi, die ein Reifenmuster bilden. Die Zwischenräume und die Form des Profilblocks bestimmen die Nass- und Trockenlaufeigenschaften eines Reifens.

SEITENWAND: Der Abschnitt eines Reifens, der die ebene Kontaktfläche auf beiden Seiten flankiert und über einen Wulst mit dem Rad verbunden ist.

STABILITÄTSKONTROLLE (ESP): Ein elektronisches Sicherheitssystem, das zur Aufrechterhaltung der Fahrzeugstabilität beiträgt, indem es den Verlust an Traktion verhindert und die Motorleistung automatisch anpasst und/oder einzelne Bremsen betätigt. Die Gefahr des Schleuderns oder Ausbrechens des Fahrzeugs z.B. bei glatter Fahrbahn wird reduziert.

TRAKTIONSKONTROLLE: Ein elektronisches Kontrollsystem, das Radschlupf erkennt und die Motorleistung entsprechend drosselt und/oder abbremst, um die Kontrolle über das Fahrzeug zu gewährleisten.

TURBOLADER: Eine Vorrichtung, die einem Motor eine Leistungsspritze gibt, in dem sie mittels einer mit Abgas betriebenen Turbine stärker verdichtete Luft in die Brennkammern presst.

V-KONFIGURATION: Ein Motor, bei dem die Zylinder in einer „V"-Anordnung aufgestellt sind, in der Regel in einem Winkel von 60 oder 90 Grad zueinander.

VULKANISIERTER KAUTSCHUK/GUMMI: Eine Art von Kautschuk, der einem Fertigungsprozess unterzogen wurde, bei dem der Naturkautschuk mit einem Additiv kombiniert wird, um ihn haltbarer zu machen. Der gesamte Kautschuk für die Automobil-, Motorrad-, und Fahrradindustrie wird vulkanisiert.

W-KONFIGURATION: Eine Motorkonfiguration, bei der die Zylinderbänke in einem flachen oder parallelen Winkel ausgerichtet sind.

MEILENSTEINE DER MODERNE

Jaguar XJ 220
McLaren F1
Porsche Carrera GT
Ford GT
Ferrari Enzo
Lamborghini Aventador
Bugatti Chiron
Pagani Huayra
Koenigsegg Agera RS
Ferrari LaFerrari
Porsche 918 Spyder
McLaren P1
Enzo Ferrari
Glossar

MEILENSTEINE DER MODERNE
JAGUAR XJ 220

BLINKLICHT

Der XJ 220 hatte eine festgeschriebene Rad-Reifen-Kombination (Räder von Speedline und Reifen von Bridgestone), die die Eigentümer vor Probleme stellte, als die spezifische Gummimischung für die Bereifung aus dem Programm genommen wurde. Zum 25. Geburtstag des XJ 220 im Jahr 2017 kooperierte der Teile-Lieferant Don Lawler mit Bridgestone bei der Entwicklung neuer Reifen. Auch Pirelli arbeitete mit Jaguars Heritage-Abteilung an einer Alternative.

RÜCKSPIEGEL

Der XJ 220 war ein Produkt von Jaguars „Saturday Club", in dem Ingenieure außerhalb der Arbeitszeit neue Projekte erfanden.

SCHLÜSSELFIGUR

Der XJ220 war das Baby von Chefingenieur Jim Randle, der mit Tom Walkinshaw von TWR zusammenarbeitete – einer Firma, die zuvor an Rennfahrzeugen für Porsche und anderen Herstellern mitgearbeitet hatte.

Man schrieb das Jahr 1988, und die Studie erschien einfach nur cool: Ein hammerharter, mit einem V-12-Motor bestückter Jaguar mit Scherentüren, Allradantrieb und einem Modellnamen, der die atemberaubende Höchstgeschwindigkeit von 220 Meilen die Stunde (fast 355 Stundenkilometer) anzeigt. Den Exzessen der 1980er-Jahre dicht auf den Fersen, schien alles für den XJ 220 zu sprechen: eine mächtige Maschine, ein extrem heißes Aussehen und eine Aura von Überlegenheit. Kurzum: Er hatte das Potenzial, die Marke Jaguar neu zu definieren.

Irgendwann zwischen Konzeption und Umsetzung aber verlor der britische Autobauer das Feuer, weil die Weltwirtschaft in eine schwere Krise geraten war. Diese Umstände führten zu einschneidenden Veränderungen bei der Serienproduktion des einstmals vielversprechenden Konzeptmodells. Der Zwölfzylindermotor: ausgetauscht gegen eine bescheidenere Sechszylinder-Twin-Turbo-Maschine! Der Allradantrieb: ersetzt durch einen klassischen Heckantrieb. Die Scherentüren: gestrichen zugunsten konventioneller Portale. Es verwundert nicht, dass ein Gutteil der vielen hundert Vorbesteller sich zurückzog und teilweise sogar rechtliche Schritte gegen Jaguar einleitete, weil man sich arglistig getäuscht fühlte.

Als 1992 die Serienproduktion des XJ 220 auf den Markt kam, gab es für die Schwarzmaler allerdings nicht wirklich viel zu beanstanden. Sicher, die Scherentüren wären ein echter Hingucker gewesen, und natürlich ist ein Zwölfzylinder eine mystische Maschine; dafür war aber das Serienauto leichter und wendiger als das Studie mit Allradantrieb, und sie hatte mit 542 PS sogar mehr als die versprochenen 500 PS im Gepäck.

Nur 275 Exemplare des XJ 220 wurden bis 1994 gebaut, etwas weniger als die ursprünglich geplanten 350 Fahrzeuge. Und da er für seine Zeit als Hochleistungsfahrzeug einen Meilenstein setzte (von 0 auf 100 km/h in 4,2 Sekunden, knapp 350 Stundenkilometer oder 217 mph Spitze, womit er die versprochenen 220 mph nur knapp verfehlte), hatte der XJ 220 zuletzt doch noch gut lachen: Sein knackiges Aussehen wirkt auch heute noch modern; der Wertzuwachs dieses noch immer attraktiven Supercar hat sich in die Höhe geschraubt und übertrifft die damalige unverbindliche Preisempfehlung bei Weitem.

MEILENSTEINE DER MODERNE
MCLAREN F1

In einer Welt von Sachzwängen und Zugeständnissen stach der McLaren F1 zu Beginn der 1990er-Jahre in seiner Kompromisslosigkeit als einzigartige visionäre Erscheinung von ästhetischer und funktionaler Reinheit hervor. Gordon Murray, der geistige Vater des F1, gab dem Auto eine zentrale Maxime mit: Geschwindigkeit. Jedes Feature des F1 vom branchenweit ersten Kohlefaser-Monocoque bis hin zur zentralen Sitzposition war darauf ausgerichtet, dem Fahrer das ultimative sensorische Erlebnis zu bieten. Der F1 war nicht einfach ein Rennwagen mit einem Nummernschild: Sein Motorraum hatte eine Isolierung aus echtem Gold, die die Innenkabine vor zu großer Hitze abschirmte. Die hervorragende Sicht nach außen und die ausklappbaren Fächer für das passende Gepäck machten den F1 auch alltagstauglich.

Der F1, der auf Hochleistung ausgerichtet war, war sowohl ein Lehrstück in Überfluss als auch in der rigoros kontrollierten Steuerung desselben. Er brachte keine 1.200 kg auf die Waage, doch sein 6,1-Liter-Zwölfzylinder-Saugmotor von BMW war gut für sehr beachtliche 627 PS. Das unglaubliche Leistungsgewicht ermöglichte eine Beschleunigung von Null auf Hundert binnen 3,4 Sekunden und eine rekordverdächtige Endgeschwindigkeit von 386 Stundenkilometern (wobei die Serienmodelle mit 371 Stundenkilometern etwas langsamer fuhren). Zwei Kevlar-Ventilatoren unterstützten den Abtrieb und sorgten für Fahrzeugstabilität bei hohen Geschwindigkeiten, weil sie den Wagen buchstäblich zum Asphalt hin saugten. Der F1 war so unverschämt leistungsstark, dass die Rennsportversion entschärft werden musste, damit McLaren überhaupt am 24 Stunden Rennen von Le Mans teilnehmen durfte. 1995 gewann gleich im ersten Anlauf ein F1 GTR das Rennen von Le Mans: Das war keine Kleinigkeit für einen Rennwagen, vor allem wenn man bedenkt, dass der Wagen als Straßenfahrzeug konzipiert worden war.

Es wurden nur 107 Exemplare des F1 für Rennsport und Straße gebaut, wodurch der F1 im Laufe der Zeit immer begehrter wird. Seine absolute Seltenheit befeuert dabei seinen Kaufpreis, der bereits bis auf fünfzehn Millionen Dollar angestiegen ist.

BLINKLICHT
Nicht alle Besitzer eines F1 hatten die Nerven, ihn auch langfristig zu behalten, weil Schlüsselkomponenten des Wagens „Verfallsdaten" haben, was zu jährlichen Betriebskosten von ungefähr 50.000 Dollar führte – unabhängig davon, ob der Wagen gefahren wurde oder nicht. So verabschiedete sich mancher Besitzer frühzeitig vom F1, noch ehe die rasanten Wertzuwächse die Betriebskosten von 50.000 Dollar mickrig erscheinen ließen.

RÜCKSPIEGEL
Die Rennversion F1 GTR war so gut, dass er bei allen Langstreckenrennen bis auf zwei als Erster über die Ziellinie fuhr. Die Straßenversion war so kraftvoll, dass die Geschwindigkeit künstlich gedrosselt werden musste, damit sie dem Rennreglement entsprach.

SCHLÜSSELFIGUR
Der Designer Gordon Murray war der Mann hinter dem F1-Mythos, und das Auto hätte ohne seine geradezu manische Detailbesessenheit nie zu dem werden können, was es war.

MEILENSTEINE DER MODERNE
PORSCHE CARRERA GT

BLINKLICHT
Trotz seines topmodernen Kohlefaserchassis ist der Schaltknauf beim Porsche Carrera GT aus Schichtholz (Birke und Esche) gefertigt – eine Hommage an den Rennwagen Porsche 917, der einen Gangschalthebel aus Balsa-Holz hatte.

RÜCKSPIEGEL
Der V-10-Motor des Porsche Carrera GT war ursprünglich für den Motorsport bestimmt, er wurde aber auf Eis gelegt, als Porsche sich dafür entschied, seine Ressourcen für die Entwicklung des SUVs Cayenne zu bündeln.

SCHLÜSSELFIGUR
Die Rallye- und Rennfahrerlegende Walter Röhrl, der auch an der Entwicklung des Carrera GT beteiligt war, soll gesagt haben, dass der Porsche Carrera GT der erste Wagen in seinem Leben gewesen sei, den er mit Angstgefühlen gefahren habe. Sein Feedback überzeugte die Ingenieure bei Porsche davon, die Traktionskontrolle bei den Serienmodellen einzuführen.

Das Konzept des Heckmotors, bei dem die Maschine hinter der Hinterachse sitzt, ist das einzigartige Markenzeichen des Porsche 911, dem Kult-Auto, das entscheidend für Porsches großen kommerziellen Erfolg war. Zwar hat Porsche an dieser geradezu anachronistischen Anordnung festgehalten, doch haben auch einige Mittelmotor-Modelle von Porsche ihre eigene berechtigte Reputation erworben, darunter der radikale, von 2003 bis 2006 gefertigte Porsche Carrera GT.

Bei der Entwicklung des Carrera GT griff man auf das Erbe des Mittelmotor-GT und des LMP-98 Prototypen-Rennwagens von Le Mans zurück. Sein Zehnzylindermotor war eine Ableitung eines Rennsportmotors, der für den allgemeinen Publikumsgebrauch gedrosselt wurde. Selbst in der abgemilderten straßentauglichen Version war der Zehnzylinder ein einziges Ausrufezeichen mit bis zu 8.000 Umdrehungen die Minute und satten 605 PS. Er war dank seines CFK-Monocoque mit knapp unter 1.400 kg auch nicht sehr schwer.

Kompakt, agil und im Grenzbereich nur schwer zu bändigen, war der nur mit manuellem Schaltgetriebe erhältliche Carrera GT im Vergleich zu Zeitgenossen wie dem Ferrari Enzo oder dem Mercedes SLR McLaren so etwas wie ein Außenseiter. Im Gegensatz zu seinen technologieaffinen Konkurrenten verfolgte der Carrera einen eher analogen, reduktionistischen Ansatz, der mehr fahrerisches Können erforderte, um schnell zu fahren. Das sanfte Anfahren aus dem Stand heraus verlangte auch von erfahrenen Drei-Pedal-Enthusiasten eine vorsichtige Herangehensweise: Statt auf beherzten Pedal-Druck zu reagieren, war die Keramikkupplung so konzipiert, dass man sie sanft und nahezu ohne Gasgeben kommen lassen konnte. Harte Startmanöver („Kavalierstarts") waren noch anspruchsvoller, da das leichte Schwungrad des Motors ebenso schnell beschleunigte wie verlangsamte und so den Fahrer dazu zwang, sehr diszipliniert mit dem Gaspedal umzugehen.

Der Carrera GT hatte keine Stabilitätskontrolle, seine einzigen elektrischen Interventionssysteme waren ABS und Traktionskontrolle. Seine kniffligen Fahreigenschaften – im Guten wie im Schlechten – brachten dem Carrera GT den Ruf eines Witwenmachers ein: Diese traurige Berühmtheit verstärkte sich noch mit dem Ableben des Schauspielers Paul Walker, der die Kontrolle über seinen Porsche GT auf einer südkalifornischen Straße verlor und ums Leben kam.

MEILENSTEINE DER MODERNE
FORD GT

BLINKLICHT

Während die Ford GT von 1966 und 2005 über eine unveränderbare Federung verfügten, besticht die aktuelle, etwa 540.000 Euro teure Version mit einer adaptiven hydraulischen Federung, bei der die Karosserie im „Track-Modus" um 5 cm abgesenkt wird, was dem Fahrzeug einen aerodynamischen Vorteil und ein besseres Handling verschafft.

RÜCKSPIEGEL

Der Ford GT von 2016, der firmenintern unter dem Namen Projekt Phoenix bekannt ist, wurde werksseitig in letzter Minute als Kandidat für die Teilnahme am Rennen von Le Mans nominiert: Die technischen Hochrechnungen ergaben, dass die Plattform des damals neuen Ford Mustang nicht ausgereift genug war, um einen Klassensieg zu erreichen.

SCHLÜSSELFIGUR

Wenn es einen noch lebenden Menschen gibt, den man mit der fünfzigjährigen Geschichte zwischen den beiden GT Siegen in Le Mans in 1966 und 2016 in Verbindung bringen kann, dann ist es wohl Edsel Ford II. Er erlebte den ersten Le Mans Sieg zusammen mit seinem Vater Henry Ford II und den letzten Sieg zusammen mit seinem Sohn.

Der Ford GT aus den Sechziger Jahren (oftmals bezeichnet als GT40 wegen seiner Fahrzeughöhe von 40,5 Inch) war ein reinrassiger Rennwagen, von dem nur wenige Exemplare für den Einsatz auf der Straße homologiert wurden. Doch im Einundzwanzigsten Jahrhundert sind bereits zwei Neuauflagen des Klassikers zum Leben erweckt worden: eine von 2004 bis 2006 produzierte Hommage an die Ära der Siege in Le Mans sowie eine Redefinition aus dem Jahr 2017, deren Rennsportversion bei den 24 Stunden von Le Mans im Jahr 2016 den Klassensieg errang – exakt fünfzig Jahre, nachdem der Original GT in Le Mans gewonnen hatte!

Während beide Autos ein ähnlich unkonventionelles Styling hatten, unterschieden sie sich in ihrer Funktionalität und Leistungsfähigkeit dramatisch. Die erste Neuauflage wurde von Camilo Pardo entwickelt und knüpfte visuell an den Renn- und Straßenwagen der Sechziger Jahre an. Das Modell war zweifelsohne sehr leistungsfähig und hatte einen 5,4-Liter-V-Acht-Kompressormotor mit 550 PS und ein innovatives Aluminiumrahmenchassis. Er wurde anlässlich des hundertjährigen Firmenjubiläums von Ford gebaut und wirkte eher wie ein Supersportwagen für die Straße mit Rennambitionen als ein Rennwagen in straßentauglicher Verkleidung. Interessanterweise war er einer der letzten Supercars ohne Traktionskontrolle, sodass es nicht weiter überrascht, dass etliche dieser drehmomentstarken Zweisitzer auf öffentlichen Straßen Pirouetten drehten.

Die jüngste Neuauflage hat ihre Wurzeln im Motorsport. Nachdem Ford 2016 in letzter Minute entschieden hatte, anlässlich des fünfzigsten Jahrestages des einstigen 1-2-3-Finishs mit einem brandneuen Auto an den 24 Stunden von Le Mans teilzunehmen, entwickelte ein ehrgeiziges Projektteam kurzfristig ein ultra-hochleistungsfähiges Fahrzeug, dass die Bedingungen der Homologation erfüllte und sowohl für den Einsatz auf der Rennstrecke als auch auf der Straße geeignet war.

Das Ergebnis war ein 647 PS starkes Ungetüm, das mit Carbon-Karosserie und V6-Maschine mit Twin-Turbo sowie einer fortschrittlichen, anpassungsfähigen Schubstreben-Radaufhängung ausgestattet ist. Der neueste Ford GT ist nicht nur eine furchterregende Straßenmaschine mit einer Höchstgeschwindigkeit von 347 Stundenkilometern, seine Rennsport-Wurzeln verhalfen ihm – pünktlich zum fünfzigsten Jahrestag des ersten Ford GT Siegs – auch zum ersten, dritten und vierten Platz seiner Klasse in Le Mans.

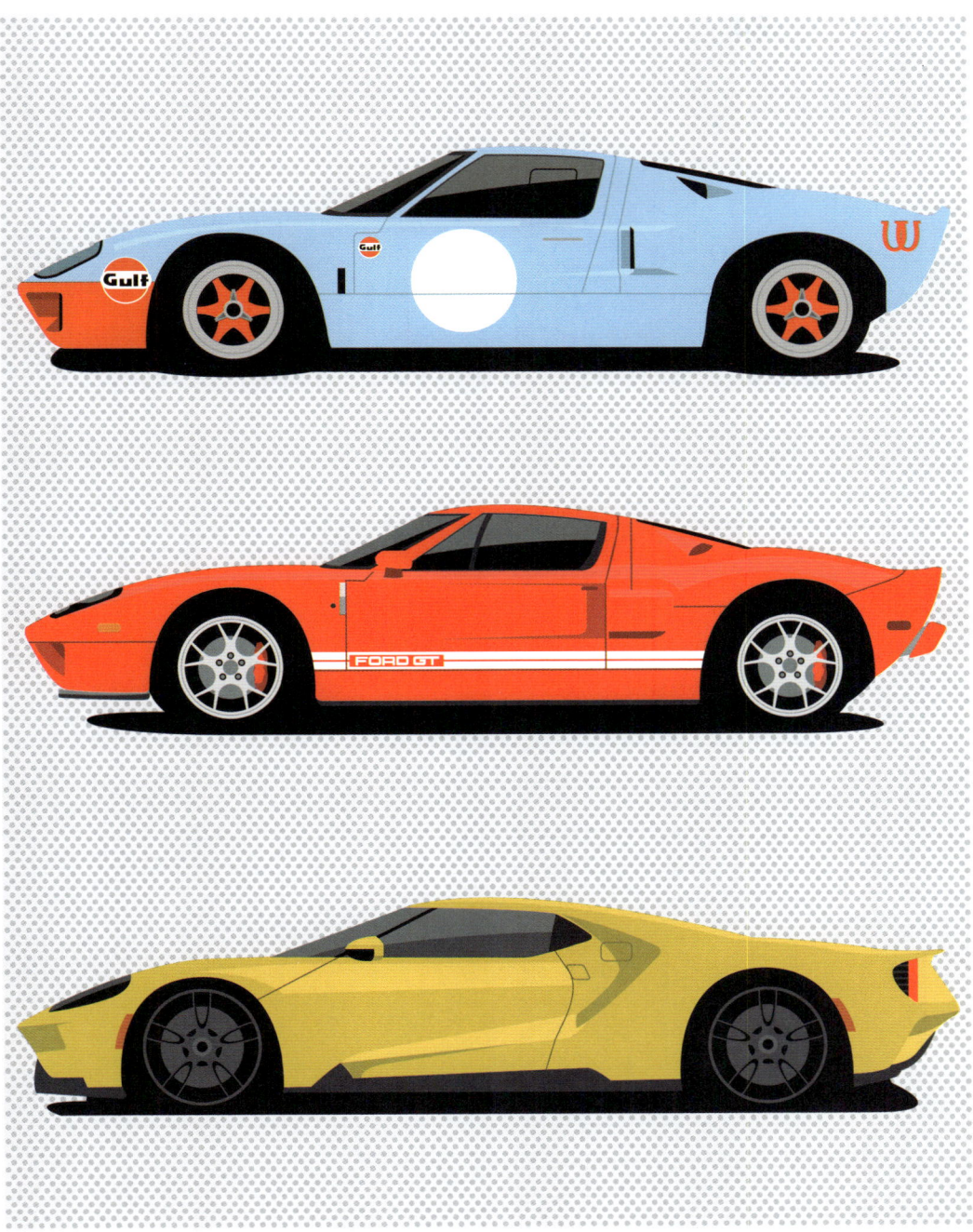

MEILENSTEINE DER MODERNE
FERRARI ENZO

BLINKLICHT

Von den 400 Ferrari Enzo, die gebaut wurden, ging ein Exemplar an Papst Johannes II. Dieser ließ den Wagen später auf einer Auktion verkaufen und spendete den Erlös von knapp einer Million Dollar den südostasiatischen Tsunami-Opfern im Jahr 2004. Derselbe Wagen wurde 2015 wieder auf einer Auktion angeboten und erzielte einen Preis von 6 Millionen Dollar.

RÜCKSPIEGEL

Aus der DNA des Enzo wurde als Variante für die Rennstrecke der Ferrari FXX entwickelt. Maseratis MC 12 schloss sich mit fünfundzwanzig Einheiten an, die für die Homologation gebaut werden mussten.

SCHLÜSSELFIGUR

Der Ferrari Enzo wurde mithilfe des mehrfachen Formel 1-Weltmeisters Michael Schuhmacher entwickelt. Schuhmacher empfahl, den Interventionsgrad der Traktionskontrolle herabzusetzen.

Ein Fahrzeug muss schon sehr besonders sein, um ganz oben in Ferraris Modellprogramm angesiedelt zu werden, und es muss geradezu monumental sein, will es den Namen des Firmengründers tragen. Der Ferrari Enzo kam 2002 mit kantigem Look und einer breiten, imposanten Statur daher; er wirkte sehr viel prägnanter als sein Vorgängermodell, der gefällige F50. Sein Aussehen wurde mehr durch den Windkanal und weniger durch Spielereien des verantwortlichen Designstudios Pininfarina angeleitet.

Experten glaubten, dass er den Namen F 60 erhalten würde, aber der Name „Enzo" machte deutlich, dass das neue Modell nicht einfach nur ein Nachfolger des F 50 sein sollte. Komplett auf Leistung ausgerichtet, wies der Enzo eine ungewöhnliche Kombination von Merkmalen auf: einerseits Kohlefaser-Karosserie, exotische Türen, die in einem gewissen Winkel erst nach außen und dann nach oben öffnen und von der Formel 1 entlehnte Aerodynamik, andererseits aber keine modernen Annehmlichkeiten wie etwa Fensterheber. Der Ferrari Enzo war das letzte Flaggschiff der Marke mit einem konventionellen Saugmotor ohne Hybridantrieb. Der brandneue Motor war eine 6,0-Liter-V-12-Maschine, die sich bis 8.200 U/min hochjagen ließ (ehe der Drehzahlbegrenzer eingriff) und die 660 PS sowie ein Drehmoment von 657 Nm mobilisierte. Noch bemerkenswerter war allerdings, dass das neue Antriebsaggregat mit einem automatischen Sechsganggetriebe mit Schaltpaddeln gekoppelt war. Diese damals noch junge Technologie sollte später in alle Ferrari und schließlich auch in nahezu allen Supercars verbaut werden.

Die aggressive aerodynamische Anmutung rührte von den beiden mächtigen Lufteinlässen in der Wagenfront (und der Formel 1-ähnlichen Nase), dem Heckspoiler und zwei Heck-Diffusoren, die bei einer Geschwindigkeit von 300 Stundenkilometern für einen Anpressdruck von 775 Kilogramm sorgten. Bei der Höchstgeschwindigkeit von 350 Stundenkilometern verringerte sich dieser auf immer noch gut 585 Kilogramm. Der Ferrari Enzo bremste mit damals revolutionären Kohlefaserbremsen, die bis dahin nur im Rennsport zum Einsatz kamen. Wie bei nahezu allen Supercars, die in streng limitierter Auflage produziert wurden, ist es auch beim Enzo traurige Realität, dass er trotz seines grandiosen, vom Rennsport abgeleiteten Engineerings in der Regel sein Leben in den Garagen seiner Sammler fristet – wegen seines ständig ansteigenden Werts.

MEILENSTEINE DER MODERNE
LAMBORGHINI AVENTADOR

BLINKLICHT

Zwar wird der Aventador unbestreitbar durch einen V-12-Motor angetrieben, doch läuft der Motor nicht immer auf allen zwölf Zylindern: Wenn der Motor nicht unter Last ist, wird die Zylinderabschaltung unmerklich aktiv, um Kraftstoff einzusparen. Der V-12 wird dann zu einem Reihen-Sechszylindermotor.

RÜCKSPIEGEL

Der Aventador ist erst das fünfte keilförmige Flaggschiff aus Lamborghinis Schmiede. Seine Vorgänger waren der Miura, der Countach, der Diablo und der Murcielago.

SCHLÜSSELFIGUR

Der Aventador wurde von Designer Filippo Perini gezeichnet, doch sein radikales technisches Konzept geht auf Maurizio Reggiani zurück, den Chefingenieur und Forschungs- und Entwicklungsleiter. Reggiani übernahm die zweifellos heikle Aufgabe, die italienische Marke in das 21. Jahrhundert zu führen.

Ein neues V-12-Flaggschiff von Lamborghini erscheint nicht alle Tage, und mit einem Stammbaum, der den wunderschönen Miura und den kultigen Countach umfasst, war der Aventador in dieser Supercar-Historie eine besonders gewagte Herausforderung für Lamborghini.

Der Aventador kam 2011 auf den Markt. Er markierte einen radikaler Wandel für Lamborghini, denn das italienische Unternehmen war von Volkswagens Audi-Gruppe übernommen worden. Die charakteristische Keilform wurde beibehalten, sie wurde allerdings technisch mit neuester Hardware ausgestattet. Der Aventador fuhr deshalb nicht der Supercar-Meute hinterher, er führte sie an. Kohlefaserchassis? Klar doch. Liegend eingebaute Feder-Dämpfer-Einheiten aus dem Rennsport? Natürlich. Ein innovatives, automatisiertes Einzelkupplungsgetriebe? Warum nicht?

Bei genauerer Betrachtung fiel auf, dass manche Dinge besser funktionierten als andere. Während das ISR-Getriebe zwar Gewicht einsparte und den Wagen leichter machte, erwies es sich als holprig und rabiat. Die Schubstreben-Radaufhängung war neuartig, konnte jedoch die Massigkeit des Aventador nicht kaschieren. Zumindest der gewaltige 6,5-Liter-V-12-Saugmotor überzeugte mit inneren Werten. Er erreichte 100 km/h binnen drei Sekunden und schoss mit einer Spitzengeschwindigkeit von 350 km/h über die Straße.

Limitierte Modellvarianten wie der SV befeuerten das Prestige des Aventadors, und äußerst exklusive Ableger wie etwa der Centenario (mit lediglich zwanzig Coupés und zwanzig Roadster) oder der Veneno (mit insgesamt nur drei gebauten Exemplaren) steigerten nochmals die Exklusivität. Doch erst mit dem Aventador S aus dem Jahr 2017 gab es signifikante Upgrades bei der Fahrzeugarchitektur, die auf die zuvor geäußerte Kritik reagierten. Die neu hinzugefügte Allradlenkung bot eine bessere Manövrierfähigkeit bei niedrigen Geschwindigkeiten und eine erhöhte Stabilität bei hohen Geschwindigkeiten, die Überarbeitung von Fahrgestell und Karosserie brachte bessere aerodynamische Eigenschaften und verlieh dem Fahrer mehr Souveränität.

Die verbesserte Fahrdynamik und seine Präsenz auf der Straße könnten die Punkte sein, die dem Aventador ein Plätzchen in der Ruhmeshalle der Supercars sichern. Mit seiner bedrohlichen, spitz zulaufenden Optik und seiner knallharten Ausstrahlung schreibt der Avantador die Legende von Lamborghinis Keilmonstern fort.

MEILENSTEINE DER MODERNE
BUGATTI CHIRON

BLINKLICHT

Das ursprüngliche Konzept des Bugatti Veyron sah eine Achtzehnzylindermaschine vor, die dann beim Serienfahrzeug auf „nur" sechzehn Zylinder verkleinert wurde.

RÜCKSPIEGEL

Der Veyron wurde nach Pierre Veyron benannt, der von Bugatti als Testfahrer eingestellt wurde und im Jahr 1939 für Bugatti die 24 Stunden von Le Mans gewann. Der Chiron erinnert mit seinem Namen an Louis Alexandre Chiron, einen überaus erfolgreicher Rennfahrer, der für Bugatti, Alfa Romeo, Mercedes-Benz, Maserati und andere Marken Rennen fuhr.

SCHLÜSSELFIGUR

Ferdinand Piëch reanimierte die Marke Bugatti, doch die ursprüngliche Kraft hinter der Marke war Ettore Bugatti, der in Italien geborene Konstrukteur und Gründer von Bugatti. Bugattis Motto lautete „Nichts ist zu schön und nichts ist zu teuer."

Die Volkswagen-Marke Bugatti hat sich nichts Geringeres als den Bau der ultimativ extremsten Supercars zum Ziel gesetzt. Die Wiederbelebung der Marke mit dem französischen Typenschild im Jahr 1998 war die Idee von Volkswagen-Chef Ferdinand Piëch. Der für seine fordernde Haltung berühmte Konzernlenker gab seinem Team beim Projektstart drei Ziele vor: eine exorbitante Motorleistung von 1.000 PS, eine raketenartige Beschleunigung von Null auf Hundert in weniger als drei Sekunden und eine hinreichend elegante Erscheinung, um seine Insassen beim Opernbesuch nicht zu blamieren. Das Ergebnis war der Veyron, ein Grenzen sprengender Hypercar mit einer Spitzengeschwindigkeit von über 400 Stundenkilometern, einzigartigen technologischen Finessen und einem siebenstelligen Kaufpreis. Leider fiel sein Debüt zeitlich mit einer globalen Wirtschaftskrise zusammen. Die Marke Bugatti überlebte, aber es dauerte ein Jahrzehnt, bis alle 450 Veyron verkauft waren und sich die Tür für einen Nachfolger öffnen konnte.

Das Nachfolgemodell des Veyron erschien 2017. Die Leistungsspirale drehte sich weiter: mehr Leistung (1.500 PS gegenüber den 1.001 PS des Veyron), eine höhere Spitzengeschwindigkeit (420 km/h mit Luft nach oben) und eine anmutigere Silhouette, die den Veyron geradezu klobig wirken ließ. Obwohl Piëch zu diesem Zeitpunkt nicht mehr Chef bei Volkswagen war, versprach der neue Chiron noch weitaus dramatischere Auftritte vor dem Opernhaus.

Verantwortlich für die geradezu überirdische Leistung des Chiron ist eine Sechzehnzylinder-Maschine mit vier Turboladern, mit im Vergleich zum Veyron 95 Prozent neuen Teilen. Dank der um 68 Prozent vergrößerten sequenziell arbeitenden Turbolader bietet der Chiron eine fast lineare Leistungs"kurve" zwischen 2.000 und 6.000 Umdrehungen die Minute, mit einem Drehmoment innerhalb dieses Drehzahlenbereichs, das einem Hafenschlepper zur Ehre gereichen würde: 1.600 Newtonmeter. Das Resultat ist eine sofortige Beschleunigung, die den Chiron gefühlt mit Überlichtgeschwindigkeit durch Raum und Zeit schnellen lässt. Der bogenförmige Zweisitzer erreicht Geschwindigkeiten über 320 km/h schneller als andere Autos das Tempolimit auf Landstraßen. Carbon-Keramik-Bremsen und der als Druckluftbremse fungierende Heckspoiler fangen das Geschoss wieder ein.

Supercars kommen und gehen, doch nur wenige – wenn überhaupt – können mit dem im Bugatti Chiron materialisierten Superlativ mithalten. Einfachere, lautere und weniger ausgefeilte Modelle mögen bei Puristen durchaus Anklang finden, doch der Bugatti Chiron wird für lange Zeit ein Monument der kongenialen Verbindung von Ingenieurskunst und Kraft bleiben.

MEILENSTEINE DER MODERNE
PAGANI HUAYRA

BLINKLICHT

Pagini-Modelle haben oftmals ungewöhnliche und schwierig auszusprechende Namen. Der Huayra (ausgesprochen wie „wai-ra") wurde nach dem Gott des Windes der Quechua benannt.

RÜCKSPIEGEL

Zwar sagt Horacio Pagani, dass er seine Kreationen wie seine eigenen Kinder liebt, doch hat er ein ebenso großes Herz für andere Marken. In seiner Fahrzeugsammlung finden sich unter anderem ein Porsche 918 Spyder und ein Ferrari F12 TDF.

SCHLÜSSELFIGUR

Horacio Paganis Vision für sein gleichnamiges Unternehmen entwickelte sich während seiner Zeit bei Lamborghini, wo es ihm nicht gelang, die Oberen von den Vorteilen der Kohlefaserverbundstoffe zu überzeugen. Kohlefaser spielte bei Paganis eigenen Entwürfen eine sehr große Rolle.

Nachdem Horacio Pagani Lamborghini verlassen hatte, gründete er seine eigene Edelschmiede und überzeugte mit einer seltenen Kombination aus ästhetischem Urteilsvermögen und technischen Fähigkeiten. Sein erstes Auto, der Zonda, verblüffte die Mainstream-Wettbewerber und begeisterte die Enthusiasten mit exquisitem Design und atemberaubender Kraft.

Auf seinen ersten Supersportwagen setzte Pagani mit seinem zweiten Modell, dem Huayra, noch einen drauf. Die aufsehenerregend gestylte Karosserie aus Karbonfaser und Titan mit ihren komplexen Kurven und fein gearbeiteten Details umhüllte einen 700 PS starken V-12-Motor mit Twin Turbo und sechs Liter Hubraum. Der Motor, der von der Mercedes-Benz Performance-Sparte AMG stammte, garantierte erprobte technische Zuverlässigkeit, während das Styling des Huayra Anleihen bei außerirdischen Formgebungen im Stile H.R. Gigers, dem Erfinder des „Aliens", nahm.

Der Huayra versammelt jede Menge Technik unter seiner Kohlefaserkarosserie. Zwar ist der Motor mit einem relativ simplen sequenziellen Einfach-Kupplungs-Getriebe verbunden, doch bietet der Huayra eine ganze Reihe von einfallsreichen Merkmalen, die ihn von anderen Exoten mit höherem Serienvolumen unterscheiden. Zum einen hat er ein vom Rennsport abgeleitetes Federungssystem; dazu gibt es – erstmals in einem Supercar – ein neuartiges Active Aerodynamics System, das in Abhängigkeit von der jeweiligen Fahrsituation algorithmisch die vier Klappen steuert, die für stets passenden Abtrieb und Kurvenstabilität sorgen. Die mechanische Raffinesse des Wagens wird noch durch „Origami"-artige Flügeltüren und muschelförmige Karosserieteile unterstrichen. Trotz aller skulpturalen Verfeinerungen liefert der Huayra ein überraschend ursprüngliches Fahrerlebnis mit einer Kakofonie aus blubberndem Auspuff, surrenden Turbos und röhrendem Antrieb und offenbart damit einen kernigen mechanischen Charakter, der seiner geschmeidigen optischen Anmutung widerspricht.

Obwohl Kleinserienhersteller wie Pagani in Bezug auf das Produktionsvolumen niemals mit den Platzhirschen der Supercar-Szene werden konkurrieren können, machen ihre eigenständigen Designideen und ihre technischen Innovationen diejenigen Liebhaber exotischer Automobile glücklich, die ihr eigenes Ding machen wollen.

MEILENSTEINE DER MODERNE
KOENIGSEGG AGERA RS

BLINKLICHT

Das Leistungsgewicht ist bei den Koenigsegg-Fahrzeugen ein starkes Verkaufsargument: Der One:1, ein Vorgänger des Agera RS, erreichte ein Masse-Leistungs-Verhältnis von nahezu eins zu eins. Der Wagen hatte 1.300 PS und wog 1.360 Kilogramm.

RÜCKSPIEGEL

Ein Koenigsegg Agera RS schrieb 2017 Geschichte, als er eine Endgeschwindigkeit von 447 Stundenkilometern bei zwei Rennläufen über einen gesperrten Highway in Nevada erreichte.

SCHLÜSSELFIGUR

Christian von Koenigsegg ist die treibende Kraft hinter der Marke und verantwortet viele der technischen Innovationen in seinen zukunftsweisenden Autos.

Von den wenigen Außenseitern unter den Supercar-Herstellern, die eine tragfähige Nische erobert haben, gelang es der schwedischen Manufaktur Koenigsegg, sich mit innovativer Technik und eigenwilligem Design zu profilieren.

Der 2011 vorgestellte Agera verfügte über eine V-8-Maschine mit Twin-Turbo und 927 PS Leistung. Es folgte der 1.160 PS starke Agera RS, der als Spezialversion für die Rennstrecke entwickelt wurde und aerodynamische Vorrichtungen wie etwa Unterbodenklappen und einen variablen Heckflügel hatte. Mit diesen Features konnte der Agera RS annähernd 500 kg Anpressdruck erzeugen. Eine Ein-Megawatt-Option erhöhte die Motorleistung auf schwindelerregende 1.341 PS.

Wo Horacio Pagani Kreationen auf einer sorgfältigen Abwägung von ästhetischer Balance und einzigartigen technischen Lösungen beruhen, arbeitet Koenigsegg genau anders herum: Er beginnt mit totaler Leistungsorientierung und entsprechendem Leistungsgewicht und erreicht beide Zielsetzungen mit cleverem Engineering. Koenigsegg zeichnet zudem aus, dass die Motoren im eigenen Haus entwickelt werden, während Pagani seine Triebwerke von Mercedes-AMG bezieht.

Christian von Koenigseggs offensichtliche Obsession für Spitzenwerte hat etliche Früchte getragen, darunter Beschleunigungs- und Hochgeschwindigkeitsrekorde, mit denen große Player wie Bugatti geschlagen wurden. Doch die – vermutlich – größte Anziehungskraft beziehen Fahrzeuge wie der Agera RS wohl aus ihrer technischen Komplexität und kompromisslosen Kühnheit. Merkmale wie das „Dihedral-Synchro-Helix-Türsystem" (das die Türen in einem gleitenden Bewegungsablauf graziös öffnet und schließt, wobei die Tür nach außen geschoben und dann um etwa 90° nach vorne gekippt wird), verweisen auf die frühen Jahre der Supercars, als mechanische Wunderwerke an den erstaunlichsten Stellen auftauchten. Doch für Koenigsegg-Kunden dürfte die extreme Seltenheit der individuell angefertigten Kreationen wohl am verlockendsten sein: Wie die überwiegenden Mehrheit aller Koenigsegg-Fahrzeuge wurde auch der Agera RS nur in einer geringen Zahl von fünfundzwanzig Stück nach Kundenwunsch gebaut. Das macht ihn zu einem der seltensten Supercars auf unserem Planeten.

MEILENSTEINE DER MODERNE
FERRARI LAFERRARI

BLINKLICHT
Der LaFerrari war der erste Ferrari nach vierzig Jahren, der nicht vom Designstudio Pininfarina entworfen wurde.

RÜCKSPIEGEL
Immer dann, wenn die Fans dachten, dass jetzt der ultimative Supercar um die Ecke gefahren war, legte Ferrari mit einer Rennsportvariante – oder auch zweien – nach, in diesem Fall mit dem FXX-K und dem FXX-K Evo, womit die Grenzen des LaFerrari nach oben verschoben wurden.

SCHLÜSSELFIGUR
Einer der vielen stillen Helden bei Ferrari war Raffaele di Simone, ein Testfahrer, der eine wichtige Rolle bei der Entwicklung vieler moderner Ferrari-Modelle spielte.

Nicht nur ist der Name des Firmengründers in der Benennung dieses Ferrari-Flaggschiffs enthalten, er ist auch als *der* Ferrari schlechthin ausgezeichnet, der gewissermaßen die Quintessenz des Unternehmens verkörperte, als er den Porsche 918 Spyder und den McLaren P1 herausforderte.

Während die Briten und die Deutschen V-8-Maschinen in ihren Hybridantrieben einsetzen, ging Ferrari mit einem konventionellen 6,3-Liter-V-12-Saugmotor in die Vollen. Der sonore Motor arbeitete zusammen mit einem aus der Formel 1 bekannten KERS-System (Kinetic Energy Recovery System), das die durch Bremswärme verlorene Energie wieder zurückgewann. Mit 789 PS aus dem Saugmotor und weiteren 161 PS aus dem Elektromotor brachte es der LaFerrari also auf satte 950 PS.

Der 1,4 Millionen Dollar teure LaFerrari sah anders aus und fühlte sich anders an als alle anderen Ferrari-Modelle vor ihm, und das hatte seinen Grund: Nachdem der alte Mann Enzo Ferrari nicht mehr da war, gab es keine zwei Meinungen mehr darüber, dass sich die Marke von Grund auf an wandeln müsse. Dieser vom Rennsport inspirierte Wagen für die Straße ergriff deshalb mutig die Gelegenheit für eine zukunftsorientierte neue Designsprache und eine innovative technische Vorgehensweise. Obwohl Ferrari in gewisser Weise an seiner „Seele", dem Saugmotor ohne Turbolader, festhielt, stellte zugleich der Einsatz eines Hybridtriebwerks eine dramatische Abkehr von der Tradition dar. Doch die dadurch mobilisierte Leistung des LaFerrari war natürlich unstreitig ein starkes Argument: Er beschleunigte von Null auf Hundert innerhalb von gut 2,5 Sekunden und erreichte eine Höchstgeschwindigkeit von 350 Stundenkilometern; der LaFerrari eröffnete der Marke neue Perspektiven und hob die italienische Marke auf ein neues Niveau technologischer Vollendung.

Insgesamt wurden 500 LaFerrari verkauft, wobei das letzte Exemplar auf einer Auktion für 7 Millionen Dollar versteigert wurde, womit er der wertvollste zeitgenössische Wagen war, der je auf einer Auktion verkauft wurde. Einige wenige Open-AirVersionen („Aperta") wurden gebaut, und von diesen brach das letzte Exemplar mit einem erzielten Kaufpreis von 10 Millionen Dollar ebenfalls alle Rekorde.

MEILENSTEINE DER MODERNE
PORSCHE 918 SPYDER

BLINKLICHT

Porsche hat die Numerologie des Porsche 918 Spyder werbewirksam genutzt: Es wurden 918 Exemplare gebaut und die Produktion begann an einem 18. September.

RÜCKSPIEGEL

Die Schlacht um die Vorherrschaft über den Nürburgring wird immer wieder aufs Neue geschlagen. Der Rundenrekord des Porsche 918 Spyder wurde mittlerweile mehrmals gebrochen, zuletzt vom Lamborghini Huracán Performante und dem Porsche 911 GT2 RS.

SCHLÜSSELFIGUR

Wolfgang Hatz war der Leiter der Abteilung Forschung und Entwicklung bei Porsche. Er führte die Hybridtechnologie ein und entwickelte den 918 Spyder und den Gewinner von Le Mans, den Porsche 919 Hybrid. Sein erstes großes berufliches Highlight war die Entwicklung des Motors für den BMW M3.

Die Grundidee hinter dem Porsche 918 Spyder (wie auch bei seinen zeitgenössischen Konkurrenten Ferrari LaFerrari und McLaren P1) war die hybride Kombination des guten, alten Verbrennungsmotors mit elektrischer Energie. Im Gegensatz zu seinen Mitbewerbern aber verfügte der Porsche 918 Spyder über ein ausgeklügeltes Allradantriebssystem. Durch das Ausnutzen des sofort vorhandenen Drehmoments beim Elektromotor, konnte der Porsche 918 jedes Rad individuell beschleunigen oder abbremsen: Das führte zu einer Drehmoment-Vektorisierung, die ihm half, die Gesetze der Physik scheinbar zu überwinden und mit übernatürlicher Leichtigkeit durch die Kurven zu gleiten. Ein Hinterachslenksystem sorgte für Agilität bei niedrigen und Stabilität bei hohen Geschwindigkeiten, und an Bord befand sich ein Orchester von nicht weniger als fünfzig elektronischen Steuereinheiten, die unterschiedlichste dynamische Funktionalitäten abstimmten.

Seine extreme athletische Leistungskraft machte den 918 auf der Rennstrecke zu einer Ausnahme-Erscheinung, vor allem auf der legendären Nürburgring-Nordschleife, wo er mit sechs Minuten und siebenundfünfzig Sekunden eine rekordverdächtige Rundenzeit erzielte. Der automobile Meilenstein war aber nicht unumstritten: Puristen beklagten, dass das Allradsystem eine Form der Wettbewerbsverzerrung sei, weil es die Kraft auf alle vier Räder verteilte und es dem Fahrer einfacher machte, schnell zu fahren. Manche von Porsches berühmt-berüchtigten orthodoxen Fans misstrauten der Hybridtechnologie und dem elektrischen Lenksystem und insistierten darauf, dass der Wagen kein authentisches Fahrerlebnis biete.

Ungeachtet dieser Kritik geht die Geschichtsschreibung doch milde mit dem Porsche 918 um. Das liegt vor allem daran, dass die fortschrittliche Technik des 918 Spyder Eingang in beträchtlich viele Hochleistungs-Hybridfahrzeuge des Unternehmens gefunden hat. Er hatte von Anfang an mit 768.000 Euro einen sehr hohen Kaufpreis für einen Neuwagen, doch hat sich sein Wert in nur wenigen Jahren mehr als verdoppelt: Das macht den Porsche 918 zu einer todsicheren Anlage für den Sammler.

MEILENSTEINE DER MODERNE
MCLAREN P1

BLINKLICHT

Der P1 GTR wurde als Antwort auf Kundenfeedback entwickelt, das den „normalen" P 1 als zu mild und zu leicht zu bedienen befand.

RÜCKSPIEGEL

Da der P 1 nicht den Regularien und Vorschriften der Formel 1 unterworfen war (obwohl er aus der Formel 1 abgeleitet war), übertraf sein Triebwerk einige Leistungsparameter der McLaren-Rennwagen.

SCHLÜSSELFIGUR

McLaren-Chef Ron Dennis verwandelte das gleichnamige Unternehmen von Firmengründer Bruce McLaren von einem Formel 1-Aufsteiger in einen Top-Akteur des automobilen Motorsports. Dennis verkaufte seine Firmenanteile 2017, nachdem er 37 Jahre bei McLaren tätig gewesen war.

Dreizehn Jahre nach dem monumentalen F 1 wandte sich McLarens Automotive Abteilung wieder dem Bau von Autos für die Straße zu. So entscheidend der MP4-C12 aus dem Jahr 2011 auch für McLarens Eintritt in das Einundzwanzigste Jahrhundert gewesen sein mag, war das Revival doch ohne einen richtig ausgefallenen Hypercar noch nicht ganz abgeschlossen.

Das Wettrüsten um Supercars mit ehrfurchtgebietender Aura hatte sich bis 2013 verschärft, und etablierte Marken wie Ferrari und Porsche standen kurz davor, äußerst exklusive Angebote mit Preisen in stratosphärischen Höhen – im siebenstelligen Bereich – zu präsentieren. Während die Italiener den LaFerrari und die Deutschen den Porsche 918 Spyder entwickelt hatten, entschied sich McLaren für den rundlichen, auf Höchstleistung ausgelegten Hybrid P1. Unter seiner geschwungenen Karosserie lauerte ein McLaren 3,8-Liter-Twin-Turbo-V-8-Motor mit 727 PS, der mit dem Elektromotor ein Tandem mit einer Gesamtleistung von 903 PS bildete. Das vor dem Motor gelagerte Cockpit bot erstklassige Sicht auf die Straße und wurde von einem Carbonfaser-Monocoque umschlossen.

Die aktive Aerodynamik war die Schlüsselkomponente für die hohe Geschwindigkeit des P1: Der große Heckflügel konnte bis gut 660 Kilogramm Abtrieb erzeugen, der Wagen konnte aber auch mit einem Drag Reduction System aus der Formel 1 den Luftwiderstand mindern und leichter durch die Luft gleiten. Ein ausgeklügeltes, hydropneumatisches Federungssystem konnte die Festigkeit der Federn verdreifachen sowie gleichzeitig Bodenfreiheit und Roll- und Neigungssteuerung verändern.

Die geplanten 375 Einheiten des P1 waren im Nu ausverkauft, und McLaren baute noch 58 Einheiten des P1 GTR für den Motorsport sowie einige wenige Sonderanfertigungen von P1 LM Rennfahrzeugen. Die historische Bedeutung von McLarens Engagement im Mikrokosmos hoch spezialisierter Supercars liegt wohl darin, dass sich das Unternehmen in eben jener Branche durch das Innovationsniveau seines P1 in besonderer Weise auszeichnen konnte. Es erscheint zwar eher unwahrscheinlich, dass der P 1 auf lange Sicht den Nimbus des mächtigen F 1 erlangen wird, doch war er eine bedeutende Leistung, mit der McLaren bewies, dass man einen gleichwertigen Konkurrenten für die besten Modelle von Porsche und Ferrari zu bauen in der Lage war.

ENZO FERRARI

Als er 1988 im Alter von neunzig Jahren starb, hatte Enzo Ferrari ein Leben gelebt, das genügend Stoff für diverse Opern hergegeben hätte. Er hinterließ ein Opus von Eigensinnigkeiten und Machenschaften, die bis heute zum festen Bestandteil automobiler Legenden gehören. Enzo Anselmo Ferrari wurde 1898 im italienischen Modena geboren und entwickelte nach dem Besuch seines ersten Rennens 1908 schon als Kind eine Leidenschaft für Geschwindigkeit. Doch tauchte er erst mit zwanzig Jahren richtig in diese Welt ein, als er bei Construzioni Meccaniche National arbeitete, wo er an Rennwagen arbeitete und zuletzt auch hinter dem Lenkrad saß. Später kam er zu Alfa Romeo, wo er sein eigenes Rennteam, die Scuderia Ferrari, formen sollte. Seine Liebe zum automobilen Rennsport war so groß, dass er von seinen Buchhaltern 1947 dazu gezwungen werden musste, überhaupt straßentaugliche Automobile zu bauen.

Ferrraris frühe Straßenfahrzeuge waren berüchtigt, weil sie ihr stürmisches Wesen mit den Ferrari-Rennwagen zu teilen schienen (ganz zu schweigen vom Temperament des Herstellers). Es gibt hierfür ein Paradebeispiel: Nachdem Ferruccio Lamborghini, ein erfolgreicher Traktorenhersteller aus dem benachbarten Sant'Agata, mehrere Ferrari erworben hatte, ärgerte er sich so sehr über die schlechten Kupplungen und das herablassende Auftreten Enzo Ferraris, dass er seine eigene Automobilfirma gründete.

Enzo Ferraris Straßenmodelle mögen seine Bemühungen im Rennsport quersubventioniert haben, doch die geradezu symbiotische Beziehung zwischen Rennstrecke und Straße wurde zu einem wichtigen Differenzierungsmerkmal für die Marke Ferrari. Enzo widersetzte sich oft dem Wandel, auch wenn es offenkundig war, dass sich Technologien aus dem Rennsport in der Serienproduktion für die Straße verbreiteten. Er war so restlos von der Überlegenheit des Konzepts mit Frontmotor und Trapez-Dreieckslenker überzeugt, dass er erst kapitulierte, als alle Wettbewerber sich für die überlegene Mittelmotorvariante mit Einzelradaufhängung entschieden hatten. Er soll auch einmal behauptet haben, dass Aerodynamik etwas für Leute sei, die keine Motoren bauen könnten. Dieses Glaubensbekenntnis widerrief er immerhin.

Enzo Ferrari zog bekanntlich 1963 nach den gescheiterten Verhandlungen über einen Verkauf seines Unternehmens an Ford auch in den Kampf gegen Henry Ford II. Nachdem er eine Vertragsklausel gelesen hatte, die vorsah, seine Motorsportabteilung aufzulösen, ließ er den Deal – außer sich vor Wut – platzen. Ford fühlte sich daraufhin veranlasst, es Enzo mit dem Ford GT heimzuzahlen: Der Rachefeldzug glückte, denn der Ford GT gewann in 1966 in Le Mans und schlug Ferrari (und das restliche Teilnehmerfeld).

Der Tod von Enzo Ferrari löste Spekulationen darüber aus, dass das Unternehmen zusammenbrechen könnte, doch übernahm Luca de Montezemolo von 1991 bis zu seinem Rücktritt 2014 die Leitung von Ferrari. Der Geist des „Commendatore" lebt weiter in den Rennwagen, die er während seines vierzigjährigen Regnums über Ferrari erschaffen hatte.

GLOSSAR

AUTOMATIKGETRIEBE: Eine Getriebeform, bei dem die Gänge („Stufen") gewechselt werden, ohne dass der Fahrer den Schalthebel physisch betätigen muss.

DIHEDRAL-TÜREN: Eine mechanisch komplexere Version der Scherentüren, bei der sich die Türe nach außen hin vom Fahrzeugrumpf wegbewegt und dann in einem beinahe rechten Winkel hochklappt.

KEVLAR: Eine synthetische Faser, die in der Luft- und Raumfahrt sowie bei Premium-Automobilen Anwendung findet. Kevlar ist sehr fest und hitzebeständig.

SCHALTPADDEL/SCHALTWIPPEN: Flache Hebel hinter dem Lenkrad, die zum Auslösen von Schaltvorgängen dienen; der linke schaltet den Gang herunter, der rechte schaltet hoch.

SCHERENTÜREN: Nach oben zu öffnende Türen, die zu einem distinktiven Merkmal des Supercar Genres wurden.

SPACEFRAME-CHASSIS: Eine Karosseriestruktur, in der die Kernstruktur, und nicht die Außenflächen, zur Tragfähigkeit ausgelegt ist.

HEILIGE STÄTTEN

Modena
Sant'Agata Bolognese
Stuttgart
Nardò
Ehra-Leissien
Nürburgring Nordschleife
Ferdinand Piëch
Glossar

HEILIGE STÄTTEN
MODENA

BLINKLICHT

Trotz seiner industriellen Prägung ist Modena zu einem Reiseziel für Fans automobiler Exoten geworden, die gerne einen Blick hinter den Vorhang der Supercar-Industrie werfen möchten. Das befeuert auch den Tourismus in der Region.

RÜCKSPIEGEL

Modena ist für seine Automobile bekannt, doch die Stadt hat mit einer Kathedrale aus dem 12. Jahrhundert und ihrem berühmten Glockenturm noch mehr zu bieten. Das historische Ensemble rund um die Piazza Grande zählt zum UNESCO-Weltkulturerbe.

SCHLÜSSELFIGUR

Bei Modena denkt man zwar zuerst an die Titanen der Supercar-Manufakturen, doch der verstorbene Verleger Umberto Panini (man denke an die Sammelbildchen) baute eine große Sammlung von Maserati-Boliden und Motorrädern auf, die Menschenmassen zu seinem idyllischen Bauernhaus am Rande der Stadt zieht.

Es ist kein Geheimnis, dass das Land von Puccini und Pasta gleichzeitig auch eine historische Hochburg der Supercar-Kultur gewesen ist. Eine bestimmte Region in Italien hat jedoch eine statistisch untypisch hohe Anzahl an Autoherstellern hervorgebracht, die für ihre ausgefallenen Entwürfe bekannt geworden sind. Modena, eine Gemeinde in der Region Emilia Romagna, im nördlichen Italien, beheimatet einige der berühmtesten Macher von Supercars.

Der wohl berühmteste von ihnen war Enzo Ferrari, der 1898 in Modena geboren wurde und dort später den Boden bereitete, der einige der weltweit führenden Supercar-Marken anziehen sollte. Die prägendsten Erinnerungen Enzo Ferraris wurden ihm in dieser Gegend geschenkt: So besuchte er im Alter von zehn Jahren sein erstes Autorennen im nahegelegenen Bologna, und die Eindrücke dieses Nachmittags führten dazu, dass er sich später der Welt des Motorsports verschrieb. Er zog 1919 nach Mailand, um für Construzioni Meccaniche Nazionali zu arbeiten, kehrte aber 1929 nach Modena zurück und gründete seine Rennsport-Firma, Scuderia Ferrari, aus der sich sein Unternehmen für Straßenfahrzeuge entwickelte.

Als die italienische Regierung während des Zweiten Weltkrieges die Dezentralisierung von Unternehmen forcierte, verlagerte Enzo Ferrari seine Produktionsstätte ins nahegelegene Maranello, wo er genug Platz fand, um sein Unternehmen zu vergrößern und um die berühmte, drei Kilometer lange Rennstrecke von Fiorano zu bauen, auf der er seine Formel 1-Rennwagen und Straßenmodelle austesten konnte.

In den folgenden Jahren sollten weitere Marken Modena und die umliegende Region bevölkern: Maserati zog 1937 von Bologna nach Modena, De Tomaso wurde 1959 hier gegründet, Dallara kam 1972 ins benachbarte Varano de Melegari, und 1992 wurde Pagani ganz in der Nähe, in San Cesario sul Panaro gegründet. Neben diesen Namen fanden sich unzählige Zulieferer ein, die sich in der Nähe niederließen, um etliche der innovativen Komponenten für den Bau der Supercars zu fertigen.

Obwohl die Region immer noch von ihren agrarischen Wurzeln geprägt ist, bleibt die nördliche Emilia Romagna das Epizentrum der Supercar-Fertigung und gilt als Italiens „Motor Valley".

HEILIGE STÄTTEN
SANT'AGATA BOLOGNESE

BLINKLICHT

Einheimische genießen es nach wie vor, die neuesten Lamborghini-Testfahrzeuge auf der Landstraße vorbeifahren zu sehen; das Werk nutzt die Straßen der Nachbarschaft, um Neuwagen zu überprüfen und zukünftige Modelle zu erproben.

RÜCKSPIEGEL

Die Übernahme Lamborghinis durch den Volkswagen Konzern im Jahr 1998 führte zu einer dramatischen Veränderung in den Fabrikationsstätten und Prozessabläufen: Viele Fertigungsabläufe wurden schlanker und effizienter gemacht.

SCHLÜSSELFIGUR

Ferruccio Lamborghini ist es zu verdanken, dass Sant'Agata Bolognese mehr ist als ein kleines Bauernstädten vor den Toren Bolognas. Seinen Namen erhielt Sant'Agata Bolognese aber von der heiligen Agatha von Sizilien, die im Jahr 251 den Märtyrertod starb.

Eine knappe halbe Stunde von Modena entfernt liegt Sant'Agata Bolognese, ein kleiner ländlicher Vorort von Bologna, der durch Ferruccio Lamborghini Bekanntheit in der ganzen Welt erlangte. Lamborghini, geboren im nahe gelegenen Renazzo, war ein erfolgreicher Traktorenhersteller, was ihm erlaubte, einige Ferrari 250 zu kaufen. Aufgrund von Mängeln an den Fahrzeugen musste er immer wieder mit Beschwerden bei Ferrari in Modena vorstellig werden. Schließlich war er das wenig entgegenkommende Verhalten Enzo Ferraris leid, gab seine Modifikationen an den Autos mit dem tanzenden Pferd auf und gründete 1963 sein eigenes Unternehmen, Automobili Lamborghini.

Lamborghinis Firmenlogo mit dem Bullen war inspiriert von der rohen Schönheit spanischer Kampfstiere und ist zugleich ein grafisches Spiegelbild der rebellischen Natur des Unternehmers. Wo Ferrari der Rekordhalter unter den Supercar-Schmieden war, wurde Lamborghini der Herausforderer, der kühn genug war, einen kantigeren und wilderen Stil zu kreieren. Wenn Ferrari das Supercar-Establishment war, das andere Supercar-Marken dazu bewegen konnte, sich in der Region niederzulassen, so war Lamborghini der „Bad Boy" aus der Nachbarschaft, der eine ganz andere Interpretation der atemberaubend schnellen und hochpreisigen Schlitten vertrat.

In dem Maße, wie Lamborghini expandierte, wuchs auch seine Präsenz in der Region; seine Produktionsstätten wurden erweitert, um die weltweite Nachfrage nach seinen Autos befriedigen zu können. Die Übernahme durch Audi, die Premium-Sparte des Volkswagen-Konzern, im Jahr 1998 erlaubte wichtige Modernisierungen, insbesondere den Bau eines Forschungszentrums für Verbundwerkstoffe (Advanced Composites Research Center) auf dem Firmengelände. Der Bau dieses Zentrums führte dazu, dass Kohlefaserwerkstoffe verstärkt in den Straßenfahrzeugen der Marke verbaut wurden.

Die Produktion von Lamborghinis erstem SUV seit Jahrzehnten, dem Urus, verspricht eine Verdopplung der Produktionskapazität in der Fabrik in Sant'Agata. Zurzeit beschäftigt Lamborghini dort etwa 1.200 Mitarbeiter, doch soll der Urus diese Zahl um annähernd 50 % erhöhen. Trotz des enormen Wachstums des Unternehmens wird aber Sant'Agata wohl das vorwiegend agrarisch geprägte Örtchen mit hemdsärmeligem Charme (verglichen mit dem benachbarten Maranello und Modena) bleiben.

HEILIGE STÄTTEN
STUTTGART

BLINKLICHT

Der mehr als 1.000 PS starke Project One Supercar wurde 2017 auf der IAA in Frankfurt vorgestellt. Lewis Hamilton, AMGs Formel 1-Fahrer, fuhr den Wagen auf die Bühne.

RÜCKSPIEGEL

Zwar begann AMG als Hochleistungsmarke, doch das Markenlogo verbreitete sich zusehends auf allen Fahrzeugtypen von Mercedes vom kleinen Roadster bis zum großen SUV. Zuletzt entwickelte AMG einen Hypercar, genannt Project One. Hier wird Technologie aus der Formel 1 in einem stückzahlbegrenzten Serienfahrzeug für die Straße implementiert.

SCHLÜSSELFIGUR

Hans Werner Aufrecht und Erhard Melcher gründeten das Unternehmen AMG, aber es war das Verdienst von Daimler-Chef Dieter Zetsche, die Tuning-Schmiede AMG in den Mercedes-Benz Konzern einzugliedern.

Die Deutschen sind bekannt für ihre praxisorientierten Ingenieurleistungen und ihren festen Zugriff auf das Segment der Luxusklasse, doch gibt es wohl auch einen Abschnitt in ihrer DNA, der dazu führte, dass Stuttgart ähnlich relevant für Supercars wie die italienische Emilia Romagna wurde.

Der erste deutsche Supercar war zweifellos der Mercedes-Benz 300 SL Flügeltürer. Er wurde in Stuttgart gebaut und war eine automobile Ikone, deren Herkunft aus dem Motorsport die Vorstellungen der Welt von einem Straßenauto über den Haufen warf. Zwar bewies der 300 SL, dass ein deutscher Volumen-Hersteller in der Lage war, einen radikalen und aggressiven Sportwagen zu bauen, doch zog sich Mercedes-Benz im Jahr 1955 nach einem schrecklichen Unfall beim Langstreckenrennen in Le Mans offiziell vom Motorsport zurück: Damals waren dreiundachtzig Zuschauer und ein Rennfahrer ums Leben gekommen.

Der unbeabsichtige Nebeneffekt dieser Entscheidung war, dass zwei Daimler-Ingenieure, nämlich Hans Werner Aufrecht und Erhard Melcher, privat an Rennsportwagen weiter schraubten. Ihre Expertise erwies sich als so gut, dass sie mit ihrem Mercedes-Kollegen Manfred Schiek als Fahrer 1965 nicht weniger als zehn Rennsiege in der Deutschen Tourenwagen-Meisterschaft für sich verbuchen konnten. Sie verließen die Daimler-Benz AG, um eine eigene Firma zu gründen, deren Namen sie aus ihren Anfangsbuchstaben und einem großen „G" zusammensetzten – „G" für Großaspach, einem Städtchen eine gute halbe Stunde von Stuttgart entfernt: das Ingenieurbüro Aufrecht Melcher Großaspach – AMG. AMG erwarb sich schnell einen Ruf wie Donnerhall, wenn es um schnelle und zuverlässige Maschinen und exklusive Ausstattung ging. AMG wuchs an Größe und Reputation und wurde für Mercedes-Benz so interessant, dass der Konzern 1999 einstieg und AMG schließlich 2005 komplett übernahm.

Zu den größten Erfolgen AMGs gehören die monströse „rote Sau", eine Mercedes-Limousine mit 6,8-Liter-V-8-Motor, die bei den 24 Stunden von Spa einen Klassensieg und den zweiten Platz in der Gesamtwertung einfuhr, der „Hammer" aus den Achtziger Jahren, der auf dem Mercedes E-Klasse-Coupé basiert, der SLS, eine moderne Neuinterpretation des Mercedes-Benz 300 SL, sowie der GT S, der jüngste Supercar der Marke.

Während Bayern weltweit anerkannte Tuner wie Alpina und Ruf hervorgebracht hat, zeigt die Gegend rund um Stuttgart, dass Deutschlands große Automobilhersteller tatsächlich auch Supercars bauen können.

HEILIGE STÄTTEN
NARDÒ

BLINKLICHT
Der Rundkurs von Nardò ist so groß, dass man ihn vom Weltall aus sehen kann.

RÜCKSPIEGEL
Das „Nardò Technical Center", wie es heute heißt, erlebte viele neue und wieder unterbotene Geschwindigkeitsrekorde, unter anderem den des von Martin Brundle gefahrenen Jaguar XJ220 mit 349 km/h, der sich dem McLaren F1 mit 371 km/h geschlagen geben musste.

SCHLÜSSELFIGUR
Der damalige Porsche-Chef Matthias Müller verantwortete den Kauf des Testgeländes in Nardò. Müller wurde 2015 Chef der Volkswagen Gruppe, ist in dieser Funktion aber inzwischen durch Herbert Diess abgelöst worden.

Am 1. Juli 1975 öffnete ein Testgelände von Fiat nahe der italienischen Küstenstadt Nardò seine Tore. Obwohl die so genannte Società Autopiste Sperimentale Nardò mehr als zwanzig Teststrecken für die Fahrwerks- und Federungsentwicklung anbot, war es vor allem der gewaltige, 12,5 Kilometer lange „Ring", der das Gelände für Automobilhersteller attraktiv machte. Gerade die Hersteller von Supercars waren in besonderer Weise daran interessiert, hier die Limits ihrer Produkte auszutesten.

Der Ring von Nardò ist fast sechzehn Meter breit und leicht geneigt gebaut, sodass er eine „neutrale" Geschwindigkeit (d. h. ohne das Lenkrad drehen zu müssen) von bis zu 240 Stundenkilometern ermöglicht: Damit gehört er zu den schnellsten Teststrecken der Welt. Er ist eine der wenigen geschlossenen Rennstrecken weltweit, auf denen ein Autohersteller unbehelligt seinen Supercar bis an die Grenzen seines Leistungsvermögens austesten kann. Daher haben seine Pisten schon alles von sechsrädrigen Rennern für die Formel 1 über Concept-Cars bis zu Langstrecken-Rekordjägern gesehen.

Im Gegensatz zu Teststrecken, die etwa auf das Kurvenverhalten von Fahrzeugen ausgelegt sind, ist eine quergeneigte Rennstrecke für Hoch- und Höchstgeschwindigkeitsfahrten konzipiert, die in besonderer Weise die Motor- und Fahrwerkskomponenten eines Fahrzeugs beanspruchen. Durch die Testläufe im dreistelligen Geschwindigkeitsbereich (bei Supercars oftmals deutlich über 320 Stundenkilometern) können die Ingenieure Variablen wie etwa Luftwiderstand, Abtrieb, Motorkühlung oder Spurstabilität dokumentieren. Bei derartig hohen Geschwindigkeiten können Dinge schnell einmal aus dem Ruder laufen, und Missgeschicke wie geplatzte Reifen oder Motorschäden können schlimme Auswirkungen haben: Eine geschlossene Rennstrecke ist daher aus Sicherheitsaspekten anderen Teststrecken vorzuziehen.

Der Ring von Nardò gehört seit 2012 Porsche, wird aber auch an andere Hersteller vermietet. Andere Teststrecken bieten zwar auch Möglichkeiten für eine Hochgeschwindigkeitsprüfung an, aber nur wenige (wenn überhaupt) Teststrecken sind so groß und weitläufig wie die Anlage in Nardò. Ein Nachteil des geneigten Circuits ist jedoch, dass die Reifen bei Geschwindigkeiten über 240 Stundenkilometern schnell verschleißen und die Höchstgeschwindigkeit um bis zu drei Prozent senken können: Für die ultimativen Hochgeschwindigkeitstestfahrten muss ein Fahrzeug in einer völlig geraden Linie gefahren werden.

HEILIGE STÄTTEN
EHRA-LESSIEN

Die deutsche Teststrecke von Ehra-Lessien übt sich in Verschwiegenheit, seit sie 1968 gebaut wurde, und das aus gutem Grund: Das Testgelände gehört dem Volkswagen-Konzern, der dort seine geheimsten Entwürfe austestet, lange bevor sie auf den Markt kommen.

Das Testgelände in Ehra-Lessien liegt in unmittelbarer Nähe der früheren innerdeutschen Grenze in einem Gebiet, das nicht überflogen werden durfte: Damit war Spionage aus der Luft ausgeschlossen. Das Gelände bietet unterschiedliche Strecken für Fahrzeugtests, doch am auffälligsten ist die Hochgeschwindigkeitsstrecke mit den beiden etwa neun Kilometer langen Geraden, die an beiden Enden durch überhöhte Kurven miteinander verbunden sind. Im Gegensatz zur Strecke in Nardò, auf der wegen des Reifen-Peelings die Höchstgeschwindigkeit nicht immer bis auf äußerste ausgefahren werden kann, lassen die neun Kilometer langen Geraden in Ehra-Lessien als weltweit einziges geschlossenes Testgelände echte Hochgeschwindigkeitsprüfungen zu. Hier kann also geklotzt statt gekleckert werden.

Allerdings erlaubt Volkswagen Herstellern von außerhalb nicht, das Gelände zu nutzen, sondern konzentriert sich auf die ungestörte Erprobung der Konzern-Modelle. Das war aber nicht immer so: 1998 fuhr Andy Wallace in einem McLaren F1 hier die unglaubliche Geschwindigkeit von 386 km/h. Die Tore schlossen sich erst für andere Hersteller, als Volkswagen mit der Entwicklung des überreich mit Kraft gesegneten Bugatti Veyron mit Vierfach-Turbo-Sechzehnzylinder-Maschine begann. Ausgehend von einem 2003 auf die Strecke geschickten Prototyp wurde der Veyron zu einem Monster mit 1.000 PS, das 2005 mit 408 km/h den Rekord des McLaren F 1 brach. Der 1.200 PS starke Veyron Super Sport sollte 2010 diese Marke nochmals mit einer Geschwindigkeit von 431 km/h übertreffen.

Bugattis Straßenfahrzeug-Rekorde sind mittlerweile durch den 1.380 PS starken Koenigsegg Agera RS mit 447 km/h auf einem gesperrten Highway in Nevada übertroffen worden. Ein Ende des Kampfes ist noch nicht in Sicht: Die kommenden Versionen des Bugatti Chiron, dem Nachfolger des Veyron, versprechen mit 1.500 PS noch höhere Zahlen.

BLINKLICHT
Die Neun-Kilometer-Gerade in Ehra-Lessien ist so lang, dass die Erdkrümmung es verhindert, am einen Ende das andere Ende sehen zu können.

RÜCKSPIEGEL
Volkswagen wollte Luftspionage verhindern und verlegte die Teststrecke deshalb ins Niemandsland unmittelbar an der deutsch-deutschen Grenze. Satellitenbilder (und der Fall der Mauer) machten diese Bemühungen zunichte.

SCHLÜSSELFIGUR
Der Ehrgeiz Volkswagens bei Geschwindigkeitsrekorden geht überwiegend auf Ferdinand Piëch zurück. Der geniale Ingenieur Piëch, Abkömmling der Porsche-Familie, begann seine Karriere bei Porsche, stieg bei Audi bis zum Vorstandschef auf und wurde schließlich erst Vorstands- und später Aufsichtsratschef von Volkswagen. Fast drei Jahrzehnte lang prägte er den Konzern.

HEILIGE STÄTTEN
NÜRBURGRING, NORDSCHLEIFE

Die knapp 21 Kilometer lange Nordschleife des Nürburgrings bahnt sich ihren Weg auf und ab durch die Eifel und bietet den Renn- und Testfahrern mit ihren 187 Kurven das Erlebnis einer Achterbahnfahrt. Der Nürburgring wurde zwischen 1925 und 1927 gebaut und bekam den Titel „Grüne Hölle" von niemand Geringerem als dem dreifachen Formel 1-Champion Sir Jackie Stewart, der von der Strecke mit den kaum zu beherrschenden Kurven gleichermaßen erschüttert wie fasziniert war.

Eine kleine Anzahl der vermutlich besten Fahrer der Welt hat es tatsächlich gelernt, die herausfordernde Strecke zu beherrschen, doch bedarf es Hunderte von Runden, um die Wölbungen der Strecke, ihre Steigungen und Gefälle und erst recht die Blindflugkurven perfekt zu meistern, die einige der schwierigeren Streckenabschnitte auszeichnen. Die Nordschleife erwarb sich ihren besonderen Ruf nicht nur wegen ihrer enormen Länge und Komplexität, sondern auch, weil ihre Topografie mit signifikanten Temperatur- und Witterungsunterschieden einhergeht: Während es auf einem Streckenabschnitt sonnig und trocken sein kann, schneit es möglicherweise auf einem anderen Abschnitt. Zur Legendenbildung trägt gewiss auch die Tatsache bei, dass einige Streckenabschnitte kaum Auslaufmöglichkeiten bieten, was den Angst-Faktor für abenteuerlustige Ring-Fahrer zusätzlich steigern kann.

Der Nürburgring mit seinen unterschiedlichen Bodenbeschaffenheiten und einer Vielzahl an unterschiedlichen Streckenszenarien ist zu einem bevorzugten Ort für die Fahrzeugentwicklung und Erprobung geworden: Stoßdämpfung und Federung werden auf dem holprigen Flickwerk des „Karussells" einer harten Prüfung unterzogen, Höhenunterschiede von insgesamt 300 Metern beanspruchen die Gewichtsverteilung eines Fahrzeugs und die lange Gerade testet die Fahrzeugstabilität bei Hochgeschwindigkeit.

Die Rundenzeiten auf der Nordschleife sind für Autohersteller, die sich mit der Leistungsfähigkeit ihrer Straßenfahrzeuge in die Brust werfen wollen, zu einer Quelle steter Angeberei geworden und haben einen wahren Zahlenkampf angezettelt. Dabei erreichten straßentaugliche Supercars immer erstaunlichere Rundenzeiten; kürzlich fuhr ein Porsche 911 GT2 RS eine Rundenzeit von 6:47,25 Minuten. Der absolute Rekord ist allerdings die Rundenzeit eines Porsche 956, der die Strecke innerhalb von 6:11,13 Minuten umrundete: Es ist unwahrscheinlich, dass dieser Rekord in absehbarer Zeit gebrochen werden wird.

BLINKLICHT
Der sogenannte „Flugplatz"-Abschnitt ist berüchtigt dafür, Fahrzeuge abheben zu lassen: 2015 hob während eines Langstreckenrennens ein Nissan GT-R Nismo komplett ab und schoss in eine Zuschauertribüne. Ein Zuschauer wurde getötet, mehrere andere erlitten Verletzungen.

RÜCKSPIEGEL
Die Formel 1 gab die berühmte Rennstrecke 1976 als Austragungsort auf, nachdem Niki Lauda bei einem schweren Unfall fast getötet wurde.

SCHLÜSSELFIGUR
Der Allzeit-Geschwindigkeitsrekord auf dem Ring wurde 1980 von Stefan Bellof während einer Qualifikationsrunde für das 1.000-Kilometer-Rennen im Jahr 1983 aufgestellt: Seine Rundenzeit im Porsche 956 betrug 6:13,11 Minuten. Eine Kurve bei Streckenkilometer 17 wurde später nach ihm benannt: Kurz nach seiner Rekordrundenzeit fuhr er mit knapp 260 Stundenkilometern auf eine Leitplanke auf, entstieg dem total zerstörten Auto aber unverletzt.

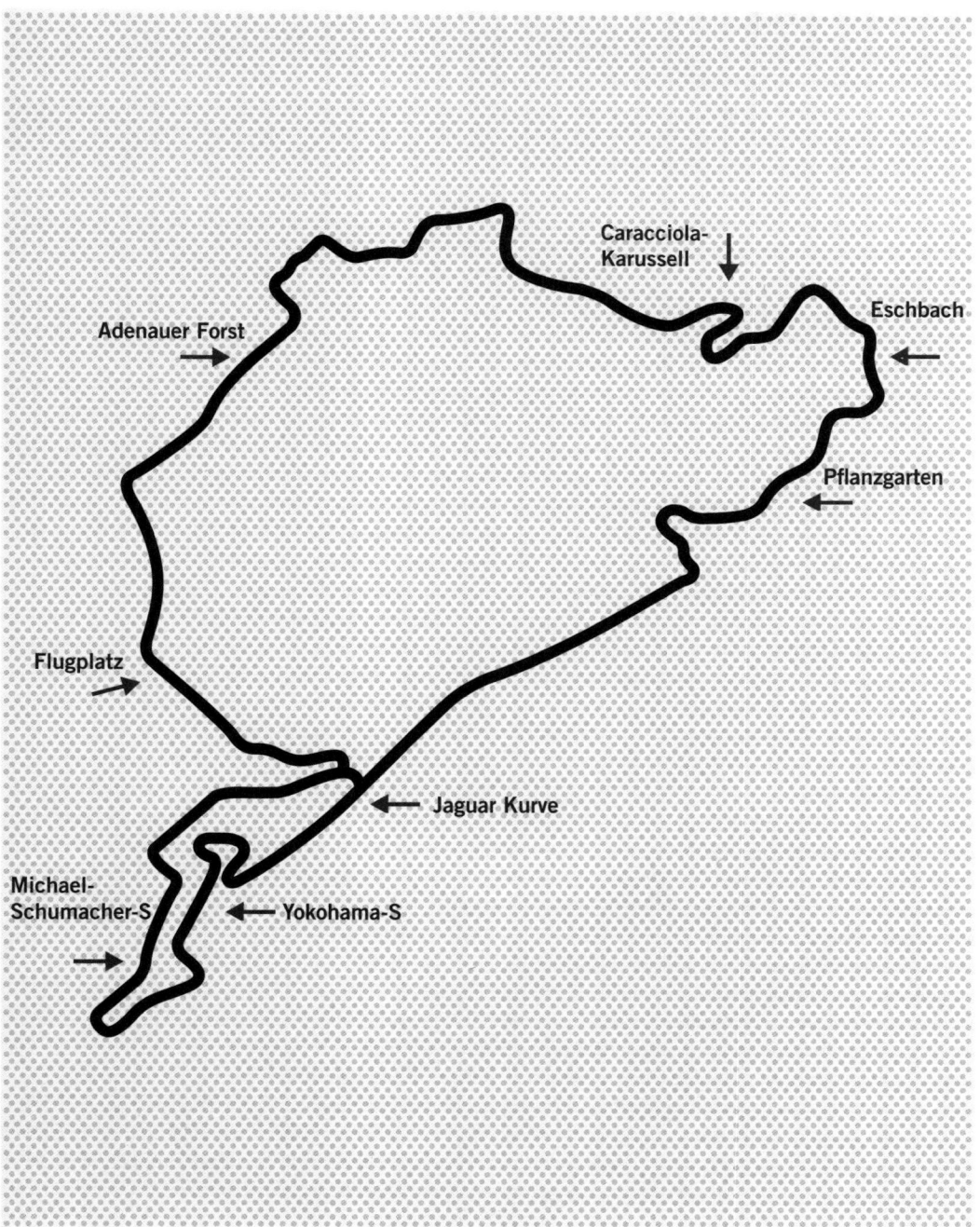

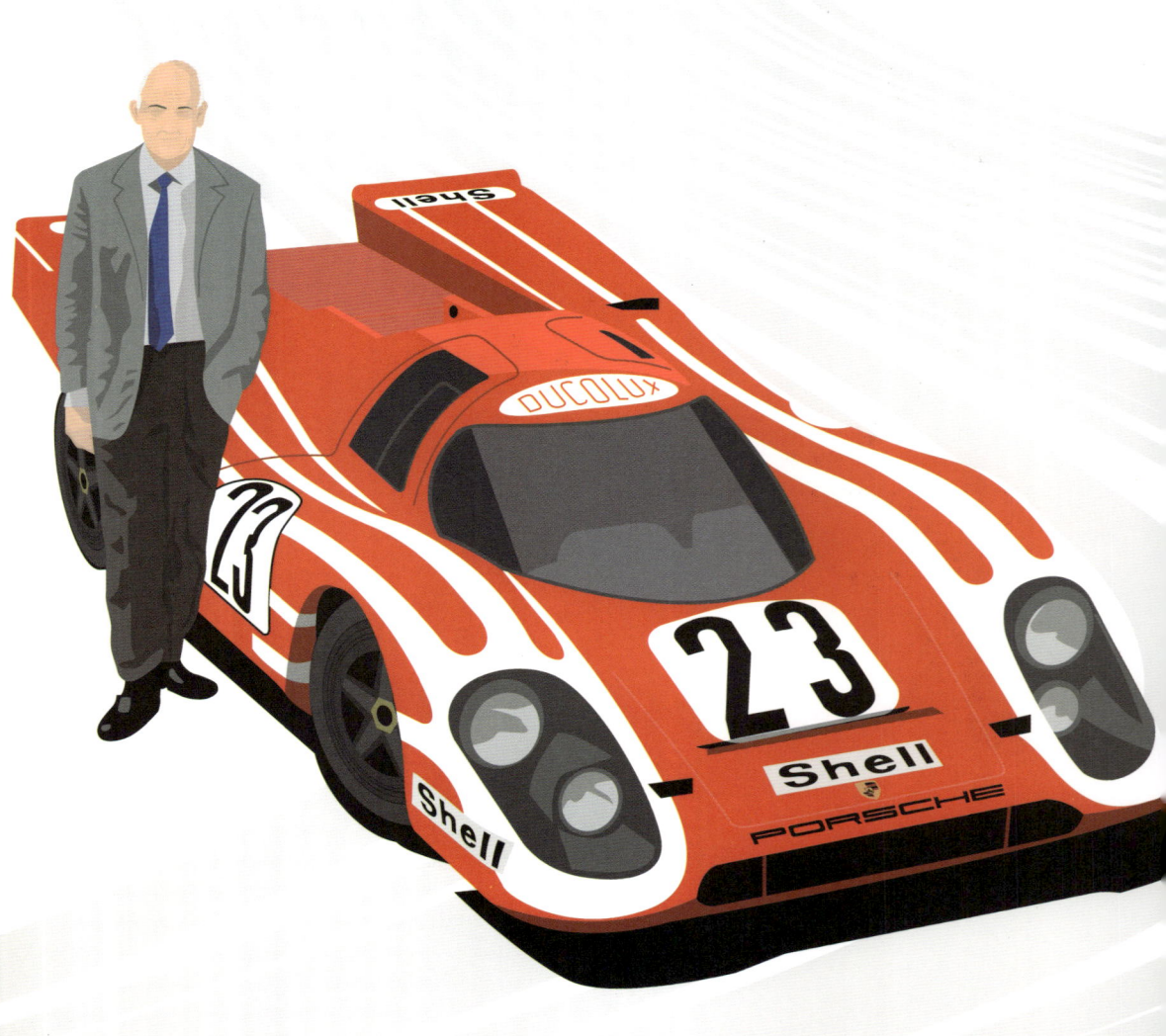

FERDINAND PIËCH

Es gibt bei den Autoherstellern nur wenige Führungskräfte, die der Branche derartig nachhaltig ihren Stempel aufgedrückt haben wie Ferdinand Piëch. Piëch ist der Enkel von Porsche-Gründer Ferdinand Porsche.

Piëch, ein unnachgiebiger, ergebnisorientierter Ingenieur und Manager, begann seine Karriere als Führungskraft in der Rennsportabteilung von Porsche, wo er den bahnbrechenden Porsche 917 verantwortete, der 1970 für Porsche den ersten Sieg bei den 24 Stunden von Le Mans einfuhr. Dieser Sieg begründete Porsches Ansehen im Motorsport. Als Piëch zu Audi ging, führte er die Ingolstädter Marke mit der technikorientierten Markenstrategie („Quattro") zum Erfolg und etablierte Audi mit eigenständigem Profil im Premiumsegment neben Wettbewerbern wie BMW und Mercedes-Benz.

Piëch wurde 1993 in schwierigen Zeiten Vorstandschef der Volkswagen-Gruppe und führte diese zu großen Erfolgen, indem er nicht nur Volkswagens Kernprodukte verbesserte (und die Herstellung verschlankte), sondern auch indem er mehrere weltweit klangvolle Marken wie Bentley aus Großbritannien, Bugatti aus Frankreich und Lamborghini aus Italien übernahm. Der Erwerb dieser Luxusmarken ermöglichte es der Volkswagen Gruppe, ihre ursprüngliche Vision vom „Volks-Wagen" zu überwinden und in die höheren Gefilde des absoluten Premium-Segments vorzustoßen. Piëch erweckte diese Marken aus ihrem Dornröschenschlaf und/oder ihrer extrem limitierten Produktion und trug so zu einer Renaissance bei, die den Wettbewerb mit anderen Marken wie Ferrari (zum Fiat-Konzern gehörend) oder auch Rolls-Royce (in der Eigentümerschaft von BMW) befeuerte.

Das Kronjuwel von Piëchs Laufbahn war vermutlich der komplexe und ambitionierte Veyron mit seinem Sechzehnzylinder-Vierfachturbo-Motor, der eine rekordverdächtige Höchstgeschwindigkeit von knapp 430 Stundenkilometern ermöglichte. Der Veyron wurde vom Chiron beerbt, dessen künftige Versionen womöglich noch höhere Höchstgeschwindigkeiten erreichen werden.

Der steile Karriereverlauf Ferdinand Piëchs wurde durch den Volkswagen-Diesel-Skandal gestoppt, in dessen Verlauf der schillernde Unternehmensführer 2015 freiwillig vom Aufsichtsratsvorsitz zurücktrat, allerdings nicht ohne mit dem Finger auf Erzfeind Martin Winterkorn zu zeigen, der später ebenfalls zurücktrat. 2017 verkaufte Piëch den Großteil seines milliardenschweren Aktienbesitzes von 14,7 % an die Volkswagen kontrollierende Holding Porsche SE. Piëch war gleichermaßen brillant wie rücksichtslos: Er wird nicht nur für seine bahnbrechenden Fahrzeuge in Erinnerung bleiben, sondern auch für die Verwerfungen, die sein Weggang aus dem Unternehmen hinterließ.

GLOSSAR

AUSLAUF(ZONE): Der Bereich außerhalb der Begrenzungen einer Rennstrecke, der ein sicheres Auslaufen des Fahrzeugs im Falle eines Kontrollverlusts bei hoher Geschwindigkeit ermöglicht und in der Regel als Kiesbett oder Rasenstrecke angelegt ist.

IDEALLINIE: Der schnellste Weg eines Fahrzeugs durch eine Kurve. Die Ideallinie kann in drei Phasen unterteilt werden: Einfahrt, Kurve und Ausfahrt.

QUALIFIKATIONSRUNDE: Eine getaktete Runde vor einem Rennen, in der die Reihenfolge für die Startaufstellung beim Rennen bestimmt wird. Qualifikationsrundenzeiten sind oftmals schneller als die Runden beim Rennen, da die Autos besser haftende Verbundreifen benutzen dürfen und unbehelligt vom sonstigen Rennverkehr ihre Runden fahren können.

QUERNEIGUNG: Die Fahrbahnneigung zur Innenseite einer Rennstrecke, die dem Fahrzeug aufgrund seiner Zentrifugalkraft gegen eine Vertikalebene höhere Geschwindigkeiten ermöglicht.

REIFENPEELING: Reibung und Abnutzung eines Reifens während Kurvenfahrten. Bei Höchstgeschwindigkeitstests ist es vonnöten, in einer geraden Linie und nicht auf einer kurvigen Strecke zu fahren, da das Reifenpeeling negativen Einfluss auf die Geschwindigkeit hat.

SCHEITELPUNKT/APEX: Der spitzeste Winkel oder der Punkt an der Innenseite einer Kurve bei einer Rennstrecke. Der Scheitelpunkt ist für den Fahrer oder die Fahrerin sehr wichtig, denn er hilft dabei, die Ideallinie beim Fahren zu bestimmen.

STRASSENWÖLBUNG: Die leichte Neigung einer Straße oder Fahrbahn, die die Bodenhaftung eines Fahrzeugs verstärken oder vermindern kann. Eine Oberfläche, die sich vom Kurvenverlauf weg wölbt, erzwingt niedrigere Geschwindigkeiten, während Oberflächenneigungen, die der Kurve folgen, höhere Geschwindigkeiten erlauben.

TESTFAHRER: Ein Fahrer oder eine Fahrerin, der oder die von einem Autohersteller damit beauftragt wurde, Feedback und Anmerkungen zum Fahrverhalten eines Fahrzeugs zu geben. Testfahrer helfen, ein Fahrzeug vom Prototyp zur Serienreife hin zu entwickeln.

V-MAX: Ein anderer Begriff für Höchstgeschwindigkeit oder Endgeschwindigkeit.

VISIONÄRE UND TÜFTLER

Gumpert
SSC
Hennessey
Saleen
Noble
Cizeta
Christian Von Koenigsegg
Glossar

VISIONÄRE UND TÜFTLER
GUMPERT

BLINKLICHT

Der Apollo Arrow soll von der italienischen Firma MAT (Manifattura Automobili Torino) gebaut werden. Es ist das gleiche Unternehmen, das auch der Scuderia Cameron Glickenhaus (SCG) zur Seite stand. MAT ist spezialisiert auf den Einsatz von Karbonfaser.

RÜCKSPIEGEL

Die Firma Gumpert geht auf die Zusammenarbeit von Firmenchef Gumpert mit dem ehemaligen Audi-Ingenieur Roland Mayer zurück. Mayer seinerseits gründete das Tuning-Unternehmen Motoren-Technik-Mayer MTM in Wettstetten bei Ingolstadt.

SCHLÜSSELFIGUR

Die Firma Gumpert wurde ursprünglich von Roland Gumpert ins Leben gerufen, der während seiner Zeit bei Audi nicht weniger als fünfundzwanzig Siege bei Rallye-Weltmeisterschaftsläufen und vier Weltmeistertitel für Audi erzielte, ehe er seine eigene Firma gründete. Inzwischen hat er mit der Gumpert Aiways Automobile GmbH in Ingolstadt den Brennstoffzellen-Supercar Nathalie entwickelt.

Die Gumpert Sportwagenmanufaktur GmbH aus Altenburg (Thüringen) tauchte erstmals 2004 in der Supercar-Szene auf. Sie wurde von Roland Gumpert gegründet, der sich bereits zuvor einen Namen als Audi Rennsportdirektor gemacht hatte. Passend dazu setzte das erste Modell des Start-ups auf einen Audi-basierten Twin-Turbo 4,2-Liter Achtzylindermotor, der in drei verschiedenen Versionen erhältlich war und zwischen 641 und 789 PS produzierte. Der Apollo baute auf einem Gitterrohrrahmen aus Chrom-Molybdän-Stahl auf und hatte eine Carbon- und Glasfaser-Karosserie. Seine wuchtige Anmutung polarisierte die Kritiker. Seine Fähigkeiten auf der Fahrbahn waren allerdings unbestritten, denn seine Leichtbaukonstruktion und ausgeprägte Dynamik überzeugten und ließen das ungewöhnliche Design schnell verblassen. Der Abtrieb beim Apollo war so hoch, dass er bei einer Geschwindigkeit über 300 Stundenkilometern theoretisch kopfüber an der Decke fahren konnte.

Im Gegensatz zu vielen anderen unabhängigen Supercars mit großen Ansprüchen lieferte der Apollo Gumpert tatsächlich überwältigende Ergebnisse ab. Auf der Nordschleife des Nürburgrings fuhr der Apollo 2009 eine Rundenzeit von 7:11,57 Minuten – ein Rekord für straßenzugelassene Fahrzeuge, der erst vier Jahre später unterboten wurde.

Das Modell Tornante wurde für 2010 angekündigt und sollte ein geräumigeres und luxuriöseres Interieur sowie eine Endgeschwindigkeit von bis zu 355 Stundenkilometern bieten: Die Karosserie wurde von der italienischen Karosseriebauer-Legende Superleggera gefertigt. Ein Modell des Tornante wurde 2011 auf dem Genfer Autosalon vorgestellt, allerdings ging der Wagen nie in die Produktion. Gumpert stellte 2012 mit dem 780 PS starken Apollo Enraged und dem 860 PS starken Apollo R noch zwei weitere Extreme vor, doch gelang es nicht, das Unternehmen dauerhaft am Markt zu positionieren. Gumpert ging 2012 in die Insolvenz.

Wie viele Indie-Supercar-Projekte stieg Gumpert nochmals aus der Asche auf und versprach für 2014 ein erschwinglicheres Modell namens Explosion. Schließlich wurde Gumpert aber 2016 von einer Investorengruppe aus Hongkong übernommen – derselben, die auch De Tomaso zuvor im gleichen Jahr übernommen hatte. Die Manufaktur trennte sich vom Firmengründer und wurde umbenannt in Apollo Automobil GmbH, ansässig im oberbayerischen Denkendorf. Apollo kam mit einem neuen, auffallend verwinkelten und strömungstechnisch fließendem Modell namens Titan auf den Markt. Später wurde dieser Wagen in Arrow umbenannt, der 2018 mit einem Zwölfzylinder-Triebwerk auf den Markt kam. Er ist die bislang neueste Modellversion der Apollo Automobil GmbH.

VISIONÄRE UND TÜFTLER
SSC

SSC (Shelby SuperCars) wurde von Jerod Shelby gegründet, einem Unternehmer für Medizinprodukte, der allerdings keinerlei Bezug zu Carroll Shelby hat. Shelby fuhr schon als Kind gerne Kart, und dies löste wohl eine anhaltend leidenschaftliche Besessenheit für Supercars aus. Er beschritt nicht nur den unglaublichen Weg, ein eigenes straßentaugliches Serienauto zu bauen, sondern er übertraf auch noch den Geschwindigkeitsrekord von Bugatti – es war die Geschichte von David gegen Goliath!

Das erste Projekt von SSC war der Ultimate Aero, ein niedrig gebauter Zweisitzer mit einem unverschämt leistungsfähigen Motor und einem zu vernachlässigendem Karosseriedesign. Die Kohlefaserkarosserie des Ultimate Aero hatte mehr als nur eine flüchtige Ähnlichkeit mit dem Lamborghini Diablo, was nicht weiter verwunderlich ist, da Shelby zuvor Replica-Cars gebaut hatte. Die Karosserie hatte einen niedrigen Luftwiderstandswert und nach oben zu öffnende Türen, die dürftigen Trost für das ansonsten eher schlicht gehaltene Design boten. Das Triebwerk mit dem 6,3-Liter Corvette Stoßstangen-Achtzylindermotor und seinen beiden großen Turboladern war entscheidend für die Geschwindigkeit des Wagens: Es erzeugte robuste 1.183 PS Leistung und ein umwerfendes Drehmoment von 1.483 Newtonmetern.

Der SSC Ultimate Aero sollte die Supercar-Industrie nachhaltig erschüttern, indem er den Guinness-Geschwindigkeitsrekord für das schnellste Serienauto weltweit brach. Zu dieser Zeit hielt der Bugatti Veyron diesen Rekord mit einer Endgeschwindigkeit von 408 Stundenkilometern. Der SSC Ultimate Aero hatte im Gegensatz zu Volkswagens Hypercar nur Hinterrad- und keinen Allradantrieb. Das machte es schwieriger, seine Kraft auf die Straße zu bringen. Der Ultimate Aero hatte weder Traktionskontrolle noch Stabilitätskontrolle, und das machte ihn nicht ganz ungefährlich für Geschwindigkeitsfanatiker. Am 13. September 2007 schließlich erreichte der Ultimate Aero auf einem gesperrten Stück Autobahn bei Washington eine Zwei-Wege-Durchschnittsgeschwindigkeit von 412 Stundenkilometern. Er hatte Bugatti knapp geschlagen.

SSC hat mit dem Ultimate Aero einen Platz in den Geschichtsbüchern gefunden als erster amerikanischer Autohersteller, der einen Geschwindigkeitsrekord – nach dem des Ford GT in 1967 – aufgestellt hat. Das SSC Nachfolgemodell Tuatara wurde für 2011 angekündigt, aber erst 2019 herausgebracht.

BLINKLICHT
Jerod Shelby startete seine Laufbahn im Motorsport, indem er Replicas des Ferrari 355 aus Pontiac-Modellen baute. Das Wissen, das er bei der Konstruktion eines Spaceframes für einen Nachbau des Lamborghini Diablo erwarb, war ihm später nützlich, als er das Chassis für sein erstes eigenes Auto entwickelte.

RÜCKSPIEGEL
Der Bugatti Veyron nahm dem SSC Ultimate Aero kurzfristig den Titel des weltweit schnellsten Serienfahrzeugs ab. Der Veyron erreichte 2010 eine Geschwindigkeit von 430 Stundenkilometern. Der Titel wurde allerdings widerrufen, als man erfuhr, dass Bugatti den Geschwindigkeitsbegrenzer für Serienfahrzeuge abgeschaltet hatte. Nun liegt der Rekord wieder beim Ultimate Aero.

SCHLÜSSELFIGUR
SSC-Firmengründer Jerod Shelby steht in keinerlei Beziehung zu Carroll Shelby. Seine Firma benannte sich 2012 in „SSC North America" um, um Verwechslungen mit Caroll Shelby auszuschließen. Sein Supercar brach den Rekord des Ford GT des älteren Shelby vierzig Jahre zuvor.

VISIONÄRE UND TÜFTLER
HENNESSEY

Der Zubehör- und Nachrüstungsmarkt bietet reichlich Futter für all jene, die dem Streben nach schier unendlich hoher Geschwindigkeit nicht widerstehen können. John Hennessey, ein in Texas ansässiger Tuner, ist ein Paradebeispiel für den typisch amerikanischen Wunsch nach forschem Auftreten und überdimensionierter Leistungskraft.

Hennessey begann, mit einem modifizierten Mitsubishi 3000GT und einem getunten Dodge Viper an Orten wie Pikes Peak und Bonneville Rennen zu fahren. Später sollte er die nur scheinbar überflüssige Rolle übernehmen, die Leistung der ohnehin schon mächtigen Zehnzylindermotoren des Dodge Viper auf über 1.200 PS hochzuschrauben.

Sein Bi-Turbo-Motor im Hennessey Venom 1000 schickte wahre Schockwellen durch die automobile Fangemeinde, als er etablierte Modelle wie etwa den Bugatti Veyron schlug, indem er binnen 20,3 Sekunden von Null auf 320 km/h beschleunigte: 2007 bescherte ihm dies den ersten Platz bei den sogenannten „Speed Kings" der amerikanischen Zeitschrift „Road & Track".

Sein Eroberungsgeist inspirierte Hennessey dazu, eine leichtere Plattform mit noch mehr Kraft auszustatten, um so den Geschwindigkeitsrekord für das schnellste Serienauto aufzustellen. Die Suche nach einem passenden Spender-Fahrzeug führte Hennessy zum Lotus Exige, der mit seinem Chassis aus Verbundaluminium nur wenig mehr als 1.000 Kilogramm wog. Die moderate Vierzylindermaschine im Exige wurde allerdings gegen eine 1.244 PS starke Bi-Turbo-7-Liter-V8-Maschine getauscht, die das breite Frankenstein-Auto in nichts Geringeres als eine Erdumlaufrakete verwandelte. Die nachfolgende Version hieß Venom GT und startete zwischen 2013 und 2014 eine Reihe von Rekordläufen, darunter eine Beschleunigung von Null auf 300 km/h binnen 13,63 Sekunden und eine geprüfte Einbahn-Höchstgeschwindigkeit von 435 km/h, die im Guinness-Buch der Weltrekorde vermerkt wurden.

Es wurden nur dreizehn Exemplare des Venom GT verkauft, darunter ein „Final Edition" Modell mit einem Preis von 1,25 Millionen Dollar. Während John Hennessey sein Sportwagen- und Truck-Tuning-Geschäft weiterbetreibt, arbeitet er zugleich an seinem eigenen Supercar mit Mittelmotor, dem F5. Von diesem Modell wurde 2017 auf der Tuning-Messe SEMA in Las Vegas und 2018 auf dem Genfer Auto-Salon ein Prototyp vorgestellt.

BLINKLICHT

Der Geschwindigkeitsrekord des Venom GT mit über 435 km/h wurde auf der Landebahn des Kennedy Space Center erreicht. Um sein Team bei der Feinjustierung des Wagens zu inspirieren, spielte Hennessey den Mitarbeitern Ausschnitte aus der berühmten Rede von Kennedy Jr. vor: „Wir haben uns dafür entschieden, zum Mond zu fliegen."

RÜCKSPIEGEL

Während viele Details beim in Kürze erscheinenden F5 noch im Dunkeln liegen, hat Hennessey zumindest anklingen lassen, dass der 1.600 PS starke Wagen das erste Fahrzeug sein könnte, welches die Schallmauer von 300 mph (482 km/h) durchbricht.

SCHLÜSSELFIGUR

Obwohl alles an John Hennessey überlebensgroß erscheint, macht er den Eindruck, sich seinen Projekten mit ungezwungener Lässigkeit zu widmen. Er baut immer schnellere Autos, weil er es eben kann ...

SUPERCAR 145

VISIONÄRE UND TÜFTLER
SALEEN

Steve Saleen sammelte in den Achtziger und Neunziger Jahren profunde Erfahrungen im Zubehör- und Tuningmarkt und produzierte gefragte Teile wie Kompressoren oder Fahrwerkskomponenten für Autos wie zum Beispiel den Ford Mustang. Im Jahr 2000 machte der Kalifornier aber den großen Satz nach vorne und trat mit einem eigenen Supersportwagen an.

Saleens 400.000 Dollar teure Mittelmotor-Kreation nannte sich S7 und zeichnete sich durch eine Vielzahl von Schlitzen, Lamellen und Kiemen aus, die den wabenförmigen Kohlefaser-Rumpf akzentuierten. Saleen nahm für sich in Anspruch, dass der S7 das aerodynamischste Straßenfahrzeug des Planeten sei und so viel Abtrieb erzeugte, dass er bei Geschwindigkeiten über 250 Stundenkilometern kopfüber fahren könne.

Der S7 wurde von einem 7-Liter-V8-Saugmotor aus Aluminium angetrieben, der aus dem populären Ford Windsor 351, einem sogenannten „Small Block-V8", abgeleitet worden war. Der Motor produzierte satte 525 PS und hatte ein Drehmoment von 712 Nm. Kombiniert mit dem Eigengewicht von lediglich gut 1.300 kg, konnte der S7 innerhalb von 2,8 Sekunden von null auf sechzig mph (96,5 km/h) beschleunigen, seine Höchstgeschwindigkeit lag bei 399 km/h. Die Straßenversion des S7 wurde durch das Rennsportmodell S7-R ergänzt, das beachtliche Rennerfolge erzielte, darunter nicht weniger als sieben GT Championship-Titel.

2005 debütierte der 585.000 Dollar teure Twin-Turbo mit einem vom S7-R abgeleiteten Setup, dessen V8-Motor 750 PS Leistung hatte. Durch die Modifikation von Heckspoiler und Diffusor für eine noch aggressivere Aerodynamik erzeugte der S7 Twin-Turbo noch mehr Abtrieb als seine Vorgänger. Die Straßenversion konnte den Rennwagen dabei in mehrfacher Hinsicht übertreffen, weil sie den Einschränkungen des Motorsportreglements nicht unterlag.

2017 erlebte der S7 ein Revival, als Steve Saleen ankündigte, mit einer „S7 Le Mans Edition" auf den Markt zu kommen. Von dieser Edition sollten nur sieben Einheiten in Gedenken an die Rennsporterfolge des S7 gebaut werden. Der neueste S7 hat einen Twin-Turbo 7-Liter-V8-Motor und weist weitere aerodynamische Verbesserungen auf; sein Preis von 1 Million Dollar entspricht dabei definitiv den Gepflogenheiten des 21. Jahrhunderts.

BLINKLICHT
Saleen versuchte sich auch im Elektroauto-Tuning und nahm sich den Tesla Model S vor. Er verzichtete darauf, an der komplexen Elektronik der Limousine herumzupfuschen, sondern modifizierte lediglich ausgesuchte Komponenten wie etwa Übersetzung, Bremsen und Aerodynamik.

RÜCKSPIEGEL
Obwohl der S7 Saleen im Supercar-Segment verankerte, zeigte der Firmengründer auf der Autoshow in Los Angeles 2017 ein erschwinglicheres Modell. Das neue Modell heißt S1, und es wird erwartet, dass er preislich bei 100.000 Dollar liegen wird. Der S1 soll mit einem 450 PS starken Vierzylindermotor mit Turbolader 2019 in den Verkauf gehen.

SCHLÜSSELFIGUR
Der Südkalifornier Steve Saleen begann seine Rennkarriere im Club Racing. Später kam er zur Formula Atlantic und zur SSCA Trans-Am. Er gründete das Unternehmen Saleen Autosport 1983 und verließ die Firma 2007, doch kam 2012 wieder zurück.

VISIONÄRE UND TÜFTLER
NOBLE

BLINKLICHT

Lee Nobles Rückkehr zur automobilen Normalität wurde offenkundig mit dem 25.000 Dollar teuren Exile Bug:R, einem Beach-Buggy, für den man beherzt ins Teilelager des Ford Mondeo gegriffen hatte.

RÜCKSPIEGEL

Zwar schert der Bug:R aus dem Supercar-Segment aus, doch will Lee Nobles Sportwagenfirma auch den hochgezüchteten Sportwagen Exile bauen, der erstaunliche 522 PS je Tonne Gewicht leisten soll.

SCHLÜSSELFIGUR

Lee Noble schuf ausgewogene, fein abgestimmte Autos mit einem hervorragenden Fahrverhalten. Die Firmenübernahme durch den Unternehmer Peter Dyson hatte interessanterweise eine ähnliche, wenn auch etwas zugespitzte Fokussierung auf leistungsstarke Motoren und präzise gefertigte Fahrwerke ohne ausufernde elektronische Kontrollsysteme zur Folge.

Unabhängige Supercar-Manufakturen neigen dazu, die Szene mit einem astronomisch teuren und schlagzeilenträchtigen Erstlingsmodell aufzumischen. Doch Lee Noble, der Noble Automotive Limited aus dem englischen Leeds gründete, hatte – nun ja – eher hehre Ambitionen.

Der gebürtige Brite war zu Beginn der Achtziger Jahre in die Welt der Supercars eingetaucht und verantwortete Autos wie den Ultima Mk1, einen radikal gestylten Zweisitzer, der auf den ersten Blick mehr Ähnlichkeit mit einem Rennwagen als mit einem straßentauglichen Fahrzeug zu haben schien. Noble verkaufte 1992 sein Unternehmen und kooperierte mit Ascari bei der Entwicklung ihrer Rennsport-Supercars. 1999 gründete Noble ein neues Unternehmen und baute den bodenständigen M10, der sich dann aber schnell zum leistungsstärkeren M12 weiter entwickelte. Der M12 war ein sofortiger Erfolg, obwohl es sich bei ihm um ein Kleinserienmodell handelte: Er beeindruckte durch sein fein abgestimmtes Fahrwerk und seine allgemeine Alltagstauglichkeit.

Der M12 hatte mit seinem Duratec V6-Motor von Ford eine eher bescheidenere Motorisierung, aber er war überraschend leistungsstark aufgrund seines hervorragenden Leistungsgewichts: So konnte der M12 wie ein Supercar von Null auf Hundert im niedrigen Drei-Sekundenbereich beschleunigen und eine Höchstgeschwindigkeit von 274 km/h erreichen. Der in Süd-Afrika gefertigte M400 wurde ab 2004 produziert und toppte seinen Vorgänger mit noch mehr Leistung und einer Höchstgeschwindigkeit von 300 km/h. Dieses Modell wurde von dem in Ohio ansässigen Unternehmen 1G Racing unter dem Namen Rossion in die Vereinigten Staaten importiert.

Als seine Fahrzeuge allmählich immer teurer und leistungsorientierter wurden, verließ Lee Noble seine gleichnamige Firma und machte sich daran, mit seiner neuen Firma erschwinglichere Modelle zu entwickeln. Der amerikanische Unternehmer Peter Dyson kaufte Noble und kam 2009 mit dem noch ehrgeizigeren Modell Noble M600 auf den Markt. Mit seinem Kohlefaserchassis, seinem 650 PS starken Twin-Turbo V8-Motor und einer Höchstgeschwindigkeit von 360 km/h war der M600 so etwas wie ein spiritueller Nachfolger des Ferrari F40. Mit einem Preisschild über 290.000 Dollar übertraf der M600 alle bisherigen Noble-Modelle deutlich, doch stieß die britische Kreation nun endgültig in Sphären vor, die einen echten Supercar auszeichnen.

VISIONÄRE UND TÜFTLER
CIZETA

BLINKLICHT

Der Sechzehnzylinder-Motor wurde quer eingebaut, was zur stattlichen Breite des Cizeta V16T von 2,06 m beitrug; damit ist er eines der breitesten Autos in der Produktionsgeschichte.

RÜCKSPIEGEL

Zampollis Fahrzeuge beschritten in den 1990ern den gleichen Weg wie die Dinosaurier, obwohl Cizeta 2009 noch einmal in den Schlagzeilen auftauchte: Die amerikanische Zoll- und Einwanderungsbehörde hatte einen V16T beschlagnahmt, nachdem er zu lange in den Vereinigten Staaten verblieben war.

SCHLÜSSELFIGUR

Das Unternehmen Cizeta wurde nach dem Klang von Claudio Zampollis Initialen in italienischer Sprache benannt. Eigentlich hieß die Firma allerdings Cizeta-Moroder, da der Musiker, Komponist und Disco-Pionier Giorgio Moroder finanzielle Zuschüsse geleistet und schließlich einen Firmenanteil von 50 % erworben hatte. Vor der Partnerschaft mit Moroder hatte auch der Filmschauspieler Sylvester Stallone erwogen, ins Unternehmen einzusteigen. Moroder stieg allerdings bereits 1990 wieder aus.

In vielerlei Hinsicht war der Cizeta V16T so etwas wie der Lamborghini, den es nicht geben durfte – ein Unikat, dessen Konzeption und Ausführung die Grenzen der Vernunft sprengten und ihn zu einem außergewöhnlichen exzessiven Supercar werden ließen. Das Unternehmen Cizeta wurde von Claudio Zampolli, einem Autohändler in Los Angeles und ehemaligen Lamborghini-Ingenieur gegründet. Der Cizeta ist die Verkörperung von Zampollis jahrzehntelang anhaltendem Ehrgeiz, einen Wagen zu bauen, der seiner „mehr ist mehr" Philosophie entsprach.

Der V16T wurde von der Design-Legende Marcello Gandini, dem Vater der automobilen Keilform, auf der Grundlage der ursprünglichen Designstudie für den Lamborghini Diablo entworfen. Mit seinen vier Klappscheinwerfern, seiner bulligen Anmutung und den geraden Lufteinlässen auf Motorhaube, Türsäule und Flanken hatte der V16T eine deutlich konturierte Linienführung: Lamborghinis damaliger Eigner, die Chrysler-Gruppe, erachtete dieselbe als zu aggressiv für das Serienmodell des Lamborghini Diablo. Die Ingenieure von Lamborghini waren für die technische Ausstattung des V16T zuständig. Er hatte einen 6-Liter-Sechzehnzylinder-Motor, der im Wesentlichen aus zwei zusammengefügten Flat-Plane-V8-Motoren des Lamborghini Urraco bestand. Der massive V-Sechzehnzylindermotor mobilisierte 540 PS, und ein Drehmoment von 542 Nm erlaubte eine Drehzahl von bis zu 8.000 U/Min und trieb über ein Fünf-Gangschaltgetriebe die Hinterräder an.

Im Gegensatz zur exorbitanten Leistungsfähigkeit des Triebwerks war das Armaturenbrett eine sehr spartanische Angelegenheit, weil Zampolli der Meinung war, nichts dürfe vom unverfälschten Fahrerlebnis ablenken. So gab es nur zwei Instrumente: Tachometer und Drehzahlenmesser. Zusätzliche Informationen übermittelten Warnleuchten, die in zunehmend alarmierenden Farben bis zu einem roten Blinken aufleuchteten.

Der Cizeta V16T wurde im italienischen Modena gebaut und erstmals 1989 auf der Automesse von Los Angeles der Öffentlichkeit vorgestellt. Der Preis wurde zunächst mit 300.000 Dollar angegeben – ein gutes Drittel mehr, als ein Lamborghini Diablo oder ein Ferrari 512TR damals kosteten; im Jahr 2002 standen dann 649.000 Dollar auf dem Preisschild. Es wurden bis zum Produktionsstopp 1995 nämlich lediglich neun Fahrzeuge gefertigt. Zwar wurde 2003 beim Monterey Concorso Italiano ein neues Roadster-Konzept vorgestellt, doch markierten die neun gefertigten Coupés das Ende von Zampollis Traum.

CHRISTIAN VON KOENIGSEGG

Die Superhelden der Supercars kommen oft aus Gegenden, wo man sie am wenigsten vermuten würde. Im Falle des Gründers von Koenigsegg – Christian Koenigsegg – ist diese Gegend Schweden. Koenigsegg war von Kindesbeinen an fasziniert von Autos und behielt diese Leidenschaft: Mit zweiundzwanzig Jahren gründete er sein gleichnamiges Unternehmen, um fortschrittliche, leichte Supercars zu bauen. Es gingen acht Jahre ins Land, ehe Koenigsegg sein erstes Modell verkaufen konnte, aber es dauerte kein weiteres Jahr, bis sein CC8S mit einem modifizierten Ford-4,7-Liter Turbolader-Mittelmotor vom Guinness Buch der Rekorde als leistungsfähigstes Serienfahrzeug weltweit anerkannt wurde. Nur sechs Exemplare wurden gebaut, aber der Ruhm seines CC8S gab Koenigsegg Auftrieb bei der Konzeption technologisch anspruchsvoller Supercars, die die technischen Grenzen weit überschritten, in denen konventionelle Autohersteller gefangen waren. Koenigsegg nutzte neue Materialien, 3-D-Drucker und innovative Details, wie etwa eine Mehrgelenk-Türaufhängung mit sogenannter dihedraler Synchro-Helix-Betätigung. Er unterschied sich dadurch von größeren Unternehmen, da seine Autos eine einzigartige Interpretation von Innovation und Modernität auszeichnete.

Während Koenigsegg mit dem One:1 und seinem richtungsweisenden 1:1 Masse-Leistungs-Verhältnis Maßstäbe setzte, war sein bislang bestes Meisterstück der Agera RS. Auf einer einsamen, 19 Kilometer langen abgesperrten Highway-Strecke in Nevada brachen an einem Nachmittag ein roter und ein schwarzer Agera RS gleich fünf Weltrekorde. Der bemerkenswerteste unter diesen Rekorden war eine durchschnittliche Höchstgeschwindigkeit von sage und schreibe 447 Stundenkilometern. Damit war der bisherige Rekord des Bugatti Veyron mit 430 Stundenkilometern gebrochen.

Während der Einsatz von Kohlefaser, Hochleistungsmotoren und fortschrittlichen Features wie Active Aerodynamics und neuer Konstruktionstechniken keine distinktiven Merkmale dieses schwedischen Herstellers sind, sind es aber doch Christian von Koenigseggs Grenzüberschreitungen und seine Risikobereitschaft, die ihn von anderen, konservativeren Supercar-Marken unterscheiden. Indem Koenigsegg die Zukunft mit grenzenloser Phantasie und einer gesunden Mischung aus Wissenschaftlichkeit und optimistischem Technologieglauben angeht, hilft er, die Begeisterung für eine Branche zu entfachen, die jeden noch so kleinen Wetteifer für sich nutzen kann.

GLOSSAR

BONNEVILLE: Ein etwa 100 Quadratkilometer großer Bereich von Salzlagerstätten im Nordwesten von Utah. Die flachen Salzpfannen von Bonneville sind das Mekka der Hochgeschwindigkeitsfans.

CHASSIS AUS VERBUND-ALUMINIUM: Ein Chassis aus verklebten Strangpressprofilen oder gestanzten Aluminiumprofilen. Diese Struktur verteilt die Kräfte gleichmäßiger und stärker als geschweißtes Aluminium.

FLACHKURBEL: Eine kleine und leichte Motorkurbel, die Kurbelwürfe in 180 Grad Schritten erzeugt und so für ein unverwechselbares, lautes Auspuffgeräusch sorgt.

LAMELLEN: schmale, dünne Platten auf der ansonsten ebenen Fläche eines Lufteinlasses. Die Lamellen sollen verhindern, dass größere Objekte in den Motor eindringen. Lamellen werden aber auch zu Dekorationszwecken eingesetzt.

MOLYBDÄN: Eine starke Metall-Legierung, die u. a. bei einem Rohr-Chassis Verwendung finden kann.

STOSSSTANGENMOTOR: Eine Motorkonfiguration, bei der Stoßstangen Teil der Ventilsteuerung mit einer seitlichen Nockenwelle und hängenden Ventilen sind, im Gegensatz zu einem Motor mit obenliegenden Nockenwellen (OHC) oder einem Motor mit zwei obenliegenden Nockenwellen (DOHC).

ZWEI-WEGE-DURCHSCHNITTSGESCHWINDIGKEIT: Ein Teil der Weltrekordtestregeln im Guinness Buch der Weltrekorde fordert, dass ein Auto innerhalb einer Stunde eine Höchstgeschwindigkeit in jeweils entgegengesetzte Richtungen fährt. Ziel ist es, mildernde Faktoren wie Wind oder Gefälle beim Höchstgeschwindigkeitsversuch auszugleichen.

INDEX

A
AC
Ace, 65
Active Aerodynamics, 80–81
Agassi, Andre, 58
Agnelli, Gianni, 56
Alfa Romeo, 104, 117
Alfa Romeo Carabo, 32
Allards, 65
AMG, 126
AMG GT S, 126
AMG Hammer, 126
AMG Rote Sau, 126
ABS, 78, 88
Apex, 136
Apollo Automobil GmbH, 140
Arrow, 140
Arrow Titan, 140
Ascari, 148
Aston Martin, 42, 65
Aston Martin Lagonda, 32
Audi, 38, 102, 124, 135
Audi Quattro Sl, 52
Audi R8 LMP, 87
Audi Sport, 38, 140
Aufrecht, Hans Werner, 126
Automatikgetriebe, 118

B
Becker, Roger, 62
Bellof, Stefan, 132
Bentley, 135
Bentayga SUV, 42
Bernouilli, Daniel, 34, 46
Bernouilli Prinzip, 34, 46
Bertone, Nuccio, 20, 32
Biomimikry, 40–41, 46
Bizzarini, Giotto, 12, 50
BMW, 94, 135
BMW E 28 M5, 60
BMW M1, 60–61
BMW M3, 112
BMW M635CSi, 60
Bonneville, 65, 154
Bosch, Robert, 78
Bott, Helmuth, 52
Boxer Motor, 88
Brabham Rennteam, 45, 76
Bridgestone, 92
Brock, Pete, 65
Brundle, Martin, 128
Brüsseler Automesse, 42
Büchi, Alfred, 74
Bugatti, 38, 108, 135, 142
Bugatti Chiron, 70, 74, 104–105, 130, 135
Bugatti Veyron, 74, 87, 104, 130, 135, 142, 144
Bugatti Veyron Super Sport, 84, 130, 142, 153
Bugatti, Ettore, 104

C
Cannonball Run, 18
Carbon/Karbon-Keramik-Bremsen, 76–77, 88
Carbon/Karbonfaser-Konstruktion, 72–73
Carbon/Karbonverstärkte Verbundstoffe, 88
Chapman, Colin, 62, 80
Chevrolet, Corvette, 142
Chiron, Louis Alexandre, 104
Chrysler, 150
Airflow, 40
Cizeta, 150–151
Cizeta V16T, 150
Cizeta-Moroder, 150
Cobra, 38
Construzioni Meccaniche Nazionali, 117, 122
Courage, Piers, 87

D
Da Vinci, Leonardo, 40
Daimler, 126
Dakar Rallye, 52
Dallara, 16, 122
Dallara, Gian Paolo, 16, 50, 87
Davis, David, 70
De Tomaso, Alejandro, 87
Dodge Viper, 144
Dunlop, John Boyd, 84
Dyson, Peter, 148

E
Ehra-Lessien, 130–131
Exile Bug:R, 148

F
Ferrari, 14, 42, 50, 65, 74, 76, 87, 124, 135
Ferrari 250 GTO, 12–13, 30, 36
Ferrari 275 GTB, 38
Ferrari 288 GTO, 52
Ferrari 365 GTB/4 Daytona, 18–19

Ferrari 512 M, 56
Ferrari 512S Berlinetta, 32
Ferrari 512S Modulo, 32
Ferrari 512 TR, 56, 150
Ferrari Aperta, 110
Ferrari Berlinetta Boxer, 16, 18, 56
Ferrari Daytona Spyder, 18
Ferrari Enzo, 96, 100–101
Ferrari F12 TDF, 106
Ferrari F40, 34, 52, 54–55, 56, 72, 78, 148
Ferrari F50, 1000-KilFXX, 1000-KilFXX-K, 110
Ferrari FXX-K-Evo, 110
Ferrari LaFerrari, 72, 82, 110–111, 112, 114
Ferrari Testarossa, 56–57, 70
Ferrari, Enzo, 6, 12, 14, 16, 18, 25, 30, 54, 56, 87, 117, 122, 124
FIA, 12, 26, 66
Fiat, 128, 135
Fiat 500, 25
Fiberglas, 66
Fiorano, Rennstrecke, 122
Fioravanti, Leonardo, 20
Ford, 65, 148
Ford GT, 65, 70, 78, 98–99, 117, 142
Ford GT 40, 14–15, 36
Ford GT 350R, 65
Ford GT500 KR, 65
Ford Mark I GT 40, 14
Ford Mustang, 146
Ford, Edsell II, 98
Ford, Henry II, 14, 98, 117

Frankfurter Automobilmesse, 32, 52, 126
Frere, Paul, 22
Fuhrmann, Ernst, 22

G

Gandini, Marcello, 16, 20, 32, 150
Gates, Bill, 52
Genfer Autosalon, 140
Giugiaro, Giorgetto, 20
GM Hydramatic, 66
Goodyear, Charles, 84
Gruppe 4/5 Championship, 60
Gruppe B, 52, 54, 66, 74
Gruppo Bertone, 16
Gumpert, 140
Apollo, 140
Apollo Enraged, 140
Apollo R, 140
Explosion, 140
Tornante, 140
Gumpert, Roland, 140
Gurney, Dan, 18, 46
Gurney-Flap, 46

H

Hall, Jim, 80
Hamilton, Lewis, 126
Hatz, Wolfgang, 112
Hennessey, 144–145
Hennessey Venom 1000, 144
Hennessey Venom GT, 144
Hennessey, John, 144
Homologation, 26
Hybridantrieb, 82–83, 88

I

IAA, 32, 52, 126
Ickx, Jackie, 87
ISR, 102

J

Jaguar, 76
Jaguar C-Type, 30
Jaguar E-Type, 6, 30
Jaguar XJ220, 70, 92–93, 128
Jenkinson, Denis, 28
Johannes Paul II, 1000

K

Kamm, Wunibald, 36, 47
Kamm-Heck, 36
KERS, 110
Kevlar, 67, 118
Koenigsegg, 72, 74
Koenigsegg Agera RS, 108–109, 130, 153
Koenigsegg CC8S, 153
Koenigsegg One:1, 108, 153
Koenigsegg, Christian von, 108, 153

L

Lamborghini, 38, 60, 72, 135, 150
Lamborghini 350 GT, 87
Lamborghini Aventador, 32, 102–103
Lamborghini Aventador S, 102
Lamborghini Centenario, 102

Lamborghini Cheetah, 42
Lamborghini Countach, 32, 56, 102
Lamborghini Countach Evoluzione, 72
Lamborghini Countach LP400, 20–21, 32
Lamborghini Countach LP500 S, 50–51
Lamborghini Diablo, 58, 102, 142, 150
Lamborghini Espada, 87
Lamborghini Gallardo, 42
Lamborghini Huracan, 32
Lamborghini Huracan GT3, 87
Lamborghini Huracan LP640-4 Performante, 80
Lamborghini Huracan Performante, 112
Lamborghini LM001, 42
Lamborghini LM002, 42
Lamborghini M12, 58
Lamborghini Marzal, 32
Lamborghini Miura, 6, 16–17, 30, 87, 102
Lamborghini Murcielago, 102
Lamborghini Urus, 42, 74, 124
Lamborghini Veneno, 102
Lamborghini, Ferruccio, 16, 25, 50, 117, 124
Lancia
Lancia Stratos, 32
Lancia Stratos HF Zero, 32
Lauda, Niki, 60, 132
Lawler, Don, 92
Le Mans, 12, 14, 22, 52, 60, 65, 76, 94, 98, 104, 117, 126, 135
Lola, 14
Los Angeles Automesse, 146, 150
Lotus, 80, 79

Lotus Formel 1, 80
Lotus Esprit, 32, 62, 70
Lotus Esprit Turbo, 62–63
Lotus Exige, 144

M

Marchionne, Sergio, 42
Martin, Paolo, 32
Maserati, 16, 65, 104, 122
Maserati Birdcage, 87
Maserati Cooper-Maserati, 87
Maserati MC12, 100
MAT Manufattura Automobili Torino, 140
Apollo Arrow, 140
Mayer, Roland, 140
Mazda Miata/MX 5, 45, 72
McLaren, 38, 40
Mc Laren F1, 45, 72, 76, 94–95, 128, 130
McLaren MC12, 87
McLaren MP4/1, 72
McLaren P1, 40, 82, 110, 112, 114–115
McLaren P1 GTR, 114
McLaren, Bruce, 114
MegaTech, 58
Melcher, Erhard, 126
Mercedes-AMG, 108
Mercedes-AMG SLS, 30
Mercedes-Benz, 104, 106, 126, 135
Mercedes-Benz 300 SL Flügeltürer, 6, 10–11, 126
Mercedes-Benz C-111, 32
Mercedes-Benz Silberpfeil, 74
Mercedes-Benz SLR, 72
Mercedes-Benz SLR McLaren, 45, 96
Michelin, 84
Mille Miglia, 10, 25, 26

Mitsubishi 3000 GT, 144
Modena, 122–123
Molybdän, 154
Monocoque, 88
Montezemolo, Luca di, 117
Moroder, Giorgio, 150
Mosley, Max, 82
Moss, Stirling, 10, 12, 26
MTM Motoren Technik Mayer, 140
Müller, Matthias, 128
Murray, Gordan, 45, 76, 94
Musk, Elon, 62

N

Nardò, 128–129
Nardò Ring, 128
Neerpasch, Jochen, 60
Nissan GT-R Nismo, 132
Noble, 148–149
Noble M10, 148
Noble M12, 148
Noble M400, 148
Noble M600, 148
Noble, Lee, 148
Nürburgring Nordschleife, 80, 112, 132–133, 140

P

Pagani, 74, 122
Pagani Huayra, 106–107
Pagani Zonda, 106
Pagani, Horacio, 72, 106, 108
Pagani, Umberto, 122
Pardo, Camilo, 98
Pariser Automobilmesse, 32
Perenti, Massimo, 50
Perini, Filippo, 102
Piëch, Ferdinand, 104, 130, 135
Pininfarina, 100, 110
Pininfarina, Sergio, 18, 32, 56

Piquet, Nelson, 60
Pirelli, 92
Pontiac Fiero, 142
Porsche, 128
Porsche 911, 42, 70, 96
Porsche 911 GT2, 76
Porsche 911 GT2 RS, 112, 132
Porsche 918 Spyder, 80, 82, 106, 110, 112–113, 114
Porsche 919 Hybrid,, 112
Porsche Turbo Carrera, 22–23
Porsche 956, 132
Porsche 959, 52–53, 54, 56, 80
Porsche Carrera GT, 96–97
Porsche Cayenne, 42, 96
Porsche, Ferdinand, 82, 135
Procar, 60
Project Phoenix, 98
Prost, Alain, 45

Q

Qualifikationsrunde, 136

R

Randle, Jim, 92
Range Rover, 42
Reggiani, Maurizio, 102
Rolls-Royce, 42, 135
Röhrl, Walter, 96
Rossion, 142

S

Saleen, 146–147
Saleen S1, 146
Saleen S7, 146
Saleen S7 Le Mans Edition, 146
Saleen S7 Twin Turbo, 146
Saleen S7-R, 146
Saleen, Steve, 146
Sant'Agata Bolognese, 124–125
Sapino, Filippo, 32

Sayer, Malcolm, 30
Scaglietti, Sergio, 12
Schiek, Manfred, 126
Schumacher, Michael, 100
Scuderia Cameron Glickenhaus SCG, 140
Scuderia Ferrari, 117, 122
Seinfeld, Jerry, 52
SEMA Show, 144
Senna, Ayrton, 45
Shelby Cobra, 65
Shelby Cobra 427, 30
Shelby Daytona Cobra Coupe, 36, 65
Shelby, Carroll, 14, 65
Shelby, Jerod, 142
Shelby-American, 65
Schutz, Peter, 52
Simone, Raffaele de, 110
Sociata Autopiste Sperimentale Nardò, 128
Speedline, 92
SSC Shelby Super Cars, 142–143
Tuatara, 142
Ultimate Aero, 142
Stallone, Sylvester, 42, 150
Stanzani, Paolo, 16, 50
Stephenson, Frank, 40
Stewart, Jackie, 132
Stuttgart, 126–127
SUVs, 42–43

T

Targa Florio, 12
Tesla Modell S, 146
Testfahrer, 136
Thompson, Robert W., 84
Tour de France, 12
Touring Superleggera, 140
Toyota Prius, 82

Traktionskontrolle, 78–79, 89
Turbolader, 22, 27, 74–75, 89
Turiner Automesse, 16, 32

U

Uhlenhaut, Rudolf, 10
Ultima MK1, 148
Unibody-Konstruktion, 47

V

V-Konfiguration, 70, 89
Vector W 8, 58–59
Veyron, Pierre, 104
V-Max, 137
Volkswagen, 102, 104, 124, 128, 130, 135, 142
Vulkanisierter Kautschuk/ Gummi, 89

W

W-Konfiguration, 70, 89
Walker, Paul, 96
Walkinshaw, Tom, 92
Wallace, Andy, 130
Wallace, Bob, 50
Wenham, Francis Herbert, 34
Wiegert, Jerry, 58
Williams, Frank, 87
Windkanal, 27, 34, 47, 87
Winkelmann, Stephan, 38
Winterkorn, Martin, 135
Wolf, Walter, 50
Wolf-Spoiler, 50
Wright, Peter, 80

Y

Yates, Brock, 18

Z

Zampolli, Claudio, 150
Zetsche, Dieter, 126

GURTE ANLEGEN!
DER SPEED READ GEHT WEITER!

PORSCHE 911
Wayne R. Dempsey
ISBN: 978-3-7822-1339-4
€ (D) 19,95

SPEED READ CAR DESIGN
Tony Lewin
ISBN: 978-3-7822-1340-0
€ (D) 19,95

SPEED READ MUSTANG
Donald Farr
ISBN: 978-3-7822-1343-1
€ (D) 19,95

SPEED READ SUPERCARS
Basem Wasef
ISBN: 978-3-7822-1344-8
€ (D) 19,95

SPEED READ TOUR DE FRANCE
John Wilcockson
ISBN: 978-3-7822-1351-6
€ (D) 19,95